围城围事

关于龙南客家围屋

潘 平
廖怡文 ◎ 著

U0363059

辽宁大学出版社 | 沈阳
Liaoning University Press

图书在版编目（CIP）数据

围城围事：关于龙南客家围屋/潘平，廖怡

文著. --沈阳：辽宁大学出版社，2025.1. --ISBN

978-7-5698-1709-6

Ⅰ. TU241.5

中国国家版本馆 CIP 数据核字第 2024RV3362 号

围城围事：关于龙南客家围屋

WEICHENG WEISHI：GUANYU LONGNAN KEJIA WEIWU

出 版 者：辽宁大学出版社有限责任公司

（地址：沈阳市皇姑区崇山中路 66 号　　邮政编码：110036）

印 刷 者：沈阳市第二市政建设工程公司印刷厂

发 行 者：辽宁大学出版社有限责任公司

幅面尺寸：170mm×240mm

印　　　张：17.5

字　　　数：250 千字

出版时间：2025 年 1 月第 1 版

印刷时间：2025 年 1 月第 1 次印刷

责任编辑：李珊珊

封面设计：徐澄玥

责任校对：郭宇涵

书　　　号：ISBN 978-7-5698-1709-6

定　　　价：98.00 元

联系电话：024-86864613

邮购热线：024-86830665

网　　　址：http://press. lnu. edu. cn

作 者 简 介

　　潘平：男，江西乐安人，1985 年生人，2008 年毕业于江西农业大学，龙南"十大杰出青年""最美史志人"，曾在机关、乡镇、企业、事业单位等多部门任职，现为龙南市客家文化研究中心党组书记、主任。近年来围绕客家文化、客家围屋开展系列研究，进行了大量田野调查，致力于挖掘、传承、推广优秀客家文化。

**2023 年 11 月，作者担任世界客属第 32 届恳亲大会
CCTV－4 直播访谈嘉宾**

2023 年 8 月，作者担任央视新闻《"县"在出发　古村新韵》访谈嘉宾

廖怡文：男，江西龙南人，1985 年生人，本科学历。现任龙南市博物馆副馆长。十余年专项从事文物保护、古建筑、客家文化研究及实践。编辑出版《玉石岩碑刻》等专著，在《江西日报》《江南都市报》等报刊发表多篇学术文章。

作者接受江西电视台采访

目 录

【围　城】

【围　事】

【围　思】

附　录

【围　城】

龙南人口考（一）

　　客家人从中原故土，自两晋始，经历了五次大迁徙，在南迁的过程中与当地原住民不断融合，逐渐形成了客家族群。赣南是客家摇篮，而龙南是纯客县。笔者试着从龙南历代人口、社会背景、家族迁徙的角度去捋一捋客家龙南人口的变迁，以更多维的视角去回望龙南客家人迁徙的历程，希望可以解开一些疑团。

　　一、龙南历代人口状况和社会背景

　　人口管理，历来被统治者所重视。据《周礼》记载，周代就有"司民"掌管户口，"自生齿以上，皆书于版"，"异其男女，岁登下其死生"。
　　魏晋南北朝至隋唐时期，伴随着中原战乱和人口流动，不断有中原汉民迁入赣南，但整体来讲，这种迁入是零散的、人数不多的。
　　唐宋时期，北方移民尤其是赣中北一带移民，总是利用地利之便，首先迁入赣南，然后再通过赣南绾结闽西和粤东北的通道，陆续迁入闽西和粤东北一带。赣南对于赣中北一带而言，其人口迁移总是由西向东、自北向南展开的，是移民人口的接纳地。但对于闽西和粤东北而言，赣南则是移民人口的输出地。
　　宋元时期赣南的移民更多地选择了开发生态条件较好的河谷盆地县份，宁都、赣县、石城、兴国、于都五县都有比较大的河谷冲积平原，而赣南的广大山区县则人口稀少，属于地旷人稀状态。
　　龙南置县之前，没有找到有关人口的记载。

　　南唐建县，龙南属下县，可见人口不多，具体数目无考。

　　北宋大观元年（1107）龙南升为中县。

　　南宋淳熙（1174—1189）中，全县 9234 户，9192 丁口（其中主户 7993 丁口，客户 1199 丁口）。

　　南宋宝庆（1225—1227）中，全县 11330 户，16576 丁口（其中主户 15397 丁口，客户 1199 丁口）。

　　元朝无考。

　　宋朝丁口数与户数相差不大，大多数时间田赋摊于田亩，按户征收，因而户数的统计较为准确。宋朝时除田赋外，另有丁税及各种杂税徭役，多按丁口征发，故存在隐瞒丁口现象。丁口：户政名，即男女人口。如清制，凡男子自十六至六十岁称丁，妇女称口，合称丁口。丁口既是统计人口的基本计量单位，亦是派征丁银、徭役的依据单位。

　　南宋初年，赣南"虔寇纷纷"的时候，宁都、赣县、雩都都发生过大规模的动乱。但是，经过南宋赣南地方社会的转型，以及宋元以来官府教化的努力，这些开发较早的地区已经开始向"王化"转变。

　　在赣南的南部边界山区，宋元时期一直是官府很难控御之地。赣南的边界山区仍然有"峒民"和"盐子"不断侵扰，元代则是"畲民"的天下。这些地方，官府很难控制局势，更遑论接受王朝的教化。同样，官府控制的户口数也是很少的。元末至正年间，有人形容龙南县附近的南雄的情况说："远僻在万山间，与韶之翁源、赣之龙南、信丰相接，溪峒险恶，草木茂密，又与他郡不侔。故其人为獠，暴如虎狼，至如寻常百姓，渐摩熏染，亦复狼子野心，不可以以仁义化也。"①

　　可见，元代赣南的龙南、信丰等地仍然有大量的未开发地区，也有许多未纳入官府统治体系的化外之民。

　　在区别对待化外之民的同时，也伴随融合的情况，《南宋书》中就有

---

　　① ［元］刘鹗. 惟实录：第 2 卷　南雄府判琐达卿平寇序. ［出版地不详］：［出版者不详］，［出版年不详］.

关于化外之民归顺官府的记载："邑（龙南）上乡邻山峒民旧不输税，一日，数十人长枪系钱而至。吏惊怪，诘之。曰：'闻有好长官，愿为王民。'"①

到了明代，王朝新立时，龙南人口数量却似乎又回到建县之初的窘境。

明洪武二十四年（1391），龙南全县 260 户，1246 丁口。

明永乐十年（1412），全县 602 户，2328 丁口。

明正德七年（1512），全县 799 户，4867 丁口。

明嘉靖元年（1522），全县 844 户，4790 丁口。

明嘉靖三十一年（1552），全县 860 户，4700 丁口。

明隆庆三年（1569）建定南县，划出 3 堡给定南，人口有减少。据清同治《定南县志》载：龙南、安远、信丰三县共割户 310 户，共 1855 丁口，其中男共 1314 口，女共 541 口。

明初，天下大定，但是，官方统计的赣南人口和宋代相比，却出现大幅下降。

元代和明初赣南人口骤减的主要原因有以下三个。其一，赣州一带是文天祥举兵勤王的中心区域，元军与文天祥部在这里曾展开反复的拉锯战。连年的战火使得赣州地区人口损耗极大，尤其是赣州的石城、瑞金、于都、会昌、信丰、安远和龙南等县。其二，进入元代以后，赣南境内自然灾害频发，瘴疠肆虐，瘟疫流行，也导致宋元战争之后赣南境内人口骤减。其三，赋税徭役政策也是造成户籍人口数据扑朔迷离的原因。据专家研究，明代人口失实的直接原因是以明黄册、鱼鳞图册为基础的劳役体系的弊端。由于时境的变迁、吏治的腐败、皇帝的昏庸，更重要的是赋税制度的改变，这一人口登记制度在统计重点和方法上都发生了重大改变。尽管黄册制度一直维持到明朝才灭亡，但此后的人口统

---

① ［明］钱士升. 南宋书：第 64 卷　郑轮传［M］. ［出版地不详］：［出版者不详］，［出版年不详］.

计毫无意义可言，人口上报数字实际上仅仅包括一部分人口，与真正的人口数字之间的差异越来越大。明朝洪武至嘉靖三十一年（1552）田赋按田亩计征，一般与丁口无关，故百姓不隐瞒丁口，丁口统计比较准确；徭役等则按户征配，故谎报"四世同堂""五世同堂"的大户极多。因此，明代后期某些地区和清代前期全国的所谓的人口统计数只能看作纳税单位。

表 1—1　　　　　　明初及明中期赣州府户口、里甲、疆域①

县名	户	口	里甲（里）（嘉靖年间）	广（里）	袤（里）
宁都	32702	157306	118	175	310
赣县	24160	104678	110	110	265
兴国	14153	56370	57	240	125
石城	3807	16754	9	55	140
于都	3911	16698	15	100	107
瑞金	1421	5722	7.5	100	205
会昌	691	3078	6.5	225	130
信丰	638	3109	6.5	＞240	＞125
安远	293	1445	5	＞230	＞435
龙南	260	1246	5	＞180	＞135

注：（1）户口数为洪武二十四年（1391）的数字，里甲数取自嘉靖《赣州府志》卷4，《里甲》。（2）"广"和"袤"的数字取自天启《赣州府志》卷1，《疆界》，因万历四年（1576）析安远、黄乡等十五堡置长宁县，隆庆三年（1569）析安远、信丰、龙南地置定南县，故明初以上三县的疆域应大于天启《赣州府志》所载。（3）表格摘自黄志繁：《"贼""民"之间：12—18世纪赣南地域社会》。

根据表1—1可知，户口数更为稀少的主要是一些赣州南部边界山区县，当时的龙南县丁口才千余人，不及宁都县的百分之一。明初赣南西

---

① 董天锡. 嘉靖赣州府志：第4卷［M］. 上海古籍书店据宁波天一阁藏明嘉靖刻本影印，1962.

南边界山区县份和中东部盆地县份的户口数字相差极大，主要考虑是明初政局安定下来，赣南的一些较为安定的县份，里甲制推行较好，官府掌握的户口数字自然增多。而边界县份，则依然时常有动乱，加上远离政治中心，户口数字如此之少，反过来也说明，明朝政府这个时期对包括龙南在内的这些边界山区的控制相当有限。这个时期的龙南，动荡不安。

洪武十五年（1382），广寇破县城。

洪武十八年（1385），广东周三官、谢仕真攻劫龙南、信丰、于都等处，破其城，焚掠甚惨。

正统十三年（1448），湖广蔡妙光攻破邑城。

……

明初之后，湘、赣、闽、粤四省毗连区域的严重民族矛盾和社会矛盾，至明代中叶发展得更加尖锐而错综复杂：严重灾荒和明廷的苛征重敛导致民不聊生，逼得百姓铤而走险；从广东方面流入赣南的畲民，与原住民争地争山林争水利，激化了畲汉矛盾；赣闽粤边范围内已开发成熟地区的百姓向更偏远的荒凉山区迁移，加剧了新旧居民间的族群矛盾，龙南等处在省域边界的地区则受到了不少"作乱"和侵扰。

成化元年（1465），流民攻掠县治。

成化二十三年（1487）秋八月，石门杨九龙联合福建武平刘昂入城大掠，并流劫信丰等处。

弘治元年（1488），闽寇破邑城。

弘治三年（1490），梅州程乡的彭锦联合本地黄秀琦出攻信丰，掠境大扰。

弘治八年（1495）冬十月，汀漳的王魁、蔡郎纲等流入邑境象塘堡大肆劫掠。

……

这些"作乱"者在史书和方志上多笼统地称为"寇""贼""盗"，这其中有客家百姓，也有畲族人民，因未纳入官府有效管理，显然属于未被统计的人口。明朝统治者面对连年不断的畲、客人民反抗斗争，不得不在政策和策略上做了些调整。除了对已经"作乱"的畲、客群众进行剿抚外，更多地着眼于未起事时的安抚措施，如设置安抚官员和安抚机构，一定程度上也纳入了更多"新民"。

南赣漳汀等地长期频繁的流民动乱促进了明朝政府的重视，于弘治八年（1495）开始设立了南赣巡抚，全称是"巡抚南赣汀韶等处地方、提督军务"，意在加强地方管理。

南赣巡抚设立后，能够集中军政大权，对统一指挥镇压湘赣闽粤交界区域的"造反"事件，收到了一定成效。到明正德十一年（1516），王阳明出任南赣巡抚，他在"剿寇"中注重攻心，在善后工作中尤其注重实施其心学主张，取得的成效最大，对于客家民系的影响最为深远。

王阳明认为"破山中贼易，破心中贼难"，大批民众之所以成为盗贼，是由官吏贪刻、赋役繁重、礼教废弛等造成的。因此，要彻底解决这些问题，既要从加强礼教方面着手，还要从改善统治方面下功夫。由此他不是一味地围剿，而是更注重社会教育，注重善后，以求长治久安。他安定了一批新民，使之成为编户，安居乐业，纳税服役、遵守礼法，渐成良民。

所谓"新民""良民"，是原来沦为"盗贼"而新被招抚之民，其成分比较复杂，有本地的贫苦失业之人，也有自外地流移至此砍山耕活的"山民""山野子""棚民""畲贼"。从族群成分看，有客家人，也有畲族。

明代中期始，大批赣中、福建、广东流民进入赣南，他们或佃耕水稻，或从事林木砍伐及加工，经济作物的种植则以蓝靛为主。

明清以后，由于美洲作物的引进，山地成为可以开发的土地资源。在流民进入的背景下，三省边界山区掀起一轮开发山地的高潮。除了河谷和规模比较大的盆地外，三省边界山区还有大量规模很小的盆地和广大的山地也在这一时期得到开发。

大约从明中叶起，闽粤的客家人聚集区人口大量增长，并向外拓展，至清代则更大规模向四面八方迁移，龙南也成了迁移的承接地和中转地之一。

　　据谱牒概算，明朝嘉靖时龙南全县应该有七八万人口。明朝隆庆年间划三堡给定南后，估算仍有六七万人。

　　清乾隆四十二年（1777），全县民籍烟户 28629 户，军籍烟户 294 户。民籍烟户男女共 122705 人，军籍烟户男女共 3554 人。共 28923 户，126259 人。

　　清道光三年（1823），全县民籍烟户 33938 户，军籍烟户 545 户。民籍烟户男女共 148051 人，军籍烟户男女共 5384 人。共 34483 户，153435 人。

　　这里所称的"烟户"，不是指以种烟制烟为业之人，清代实行严格的户籍管理制度，各乡里登记的丁户册籍，又称"烟户册"，"烟户"是烧烟煮饭的意思。

　　清光绪二十九年（1903），建虔南厅（今全南县），原属龙南的大龙、新兴二堡划给虔南，龙南人口有减少，具体数目无考。

　　从户口数、人口数的变化可以看出，从明初到清中期，包括龙南在内的赣闽粤边界的户口数都有很快增长。

　　清代户口，仍沿旧例，赋税附于丁，增丁则增赋，以三年或五年为成丁编审之期，至顺治十三年（1656）始定为五年一次。自康熙五十年（1711）丁册定为常额，继生人丁永不加赋以后，编审尚未停止。

　　清代，先后两次减免赋税，乾隆时改"丁赋"为地税，人口增长较快。

　　此外，人口的自然增长和清朝时较多客家人从广东、福建、赣中等地迁入，也增加了龙南的人口数量。

　　清初大量流民进入赣南是因为赣南发生严重战乱，土地大量荒芜。在这种情况下，官方想方设法招抚各地流民进入赣南开垦，汀州和粤东北的流民又开始大量地涌入赣南。康熙《上杭县志》就记载"杭故山国，耕垦维艰"。清初的福建上杭县，在丰收的年份尚且还需要赣南的瑞金和会昌的粮食，凶荒的年份则难免出现"流移载道"之现象了。

　　清康熙年间，江西曾允许各属州县粮户另立图甲。另立粮户，表明粮户可以自立户头，可以不再与人共用原来的老户籍。这个政策对一直受制于户籍的流民也相当有利，让一部分已定居的流民可以分户入籍。

　　清中期，也就是乾隆晚期，赣粤闽边界区域开发基本到了封建时代农业生产的顶峰，人口迅速增长，此后一直到民国时期，包括龙南在内的部分地区人口比清中期有所减少。

表 1—2　　　　　　　　　　明清龙南墟市数量

时间	嘉靖	天启	乾隆	道光	同治	光绪
龙南	12	12	16	/	/	16

　　清代流民尤其是闽粤籍流民把烟草、花生、甘蔗等经济作物带入赣南。在山区开发和经济作物普遍种植的基础上，赣南山区村落增多，人烟渐密，如表 1—2 所示，墟市数量也相应增加了。

　　民国二十四年（1935），全县 20143 户，101764 人。

　　民国三十五年（1946），全县 21929 户，118372 人。

　　民国三十六年（1947），全县 22578 户，108527 人。

　　民国时期人口比道光年间少，主要原因：一是划出大龙、新兴二堡；二是清代后期动乱也损失了一些人口；三是民国时期战争迭起，社会动荡。

　　1949 年新中国成立，全县 25420 户，116996 人。

　　新中国成立后，社会安定、经济发展、医疗改善，为人口增长提供了基本保障，全县人口基本呈稳定增长态势，形成目前 30 多万人的基本格局。

　　1950 年，全县 26363 户，118634 人。

　　1955 年，全县 30878 户，129712 人。

　　1960 年，全县 33373 户，139328 人。

　　1965 年，全县 34890 户，163145 人。

　　1970 年，全县 37138 户，185343 人。

　　1975 年，全县 39139 户，211052 人。

　　1980 年，全县 42442 户，232029 人。

　　1985 年，全县 45225 户，244809 人。

　　1990 年，全县 263094 人。

　　1995 年，全县 279228 人。

2000 年，全县 302388 人。

二、宋朝至民国时期龙南迁入人口建立的居民点

新中国成立之前，龙南历代迁入人口大于迁出人口，迁入情况无系统资料可查，仅在地方史志和民间谱牒中有零星记载。宋朝至民国时期迁入龙南的人口在龙南建了不少居民点（屋场），有资料查证的（不包含县城和从县内分支派生的屋场）共计 188 个，其中宋代 9 个、元代 10个、明代 122 个、清代 42 个、民国时期 5 个。详情如下：

表 1－3　　赣南地区明清时期福建籍、汀州籍移民村庄情况①

县名	福建籍村庄总数	汀州籍村庄所占比例（％）	福建其他籍村庄所占比例（％）	闽粤移民基础村庄总数	福建籍村庄所占比例（％）	广东籍村庄所占比例（％）
赣县	219	53	47	413	53	47
兴国	423	40	60	1000	42	58
于都	227	27	73	437	52	48
石城	245	89	11	245	100	0
宁都	264	42	58	280	100	0
瑞金	213	95	5	272	96	6
会昌	184	54	46	253	72	28
安远	22	68	32	51	43	57
信丰	92	22	78	280	33	67
龙南	46	41	59	83	55	45
定南	26	31	69	107	24	76
全南	19	53	47	83	22	78

---

① 万芳珍. 江西客家入迁原由与分布 [J]. 南昌大学学报，1995（2）.

县名	福建籍村庄总数	汀州籍村庄所占比例（%）	福建其他籍村庄所占比例（%）	闽粤移民基础村总数	福建籍村庄所占比例（%）	广东籍村庄所占比例（%）
寻乌	57	68	32	208	28	72
南康	35	66	34	563	6	94
上犹	52	56	44	560	10	90
大余	32	56	44	313	10	90
崇义	121	39	61	634	19	81
总计	2277	53	47	5782	39	61

注：表中明确标示其村庄籍的有"汀州、长汀、宁化、上杭、武平、永定、连城、清流、归化、龙岩、平和、建宁"，本表中汀州籍建村数量即为这些明确标示籍贯的村庄数量的总和（除"建宁"外，龙岩、平和等县由于数量太少，忽略不计），本表的"福建其他籍"即为万表中"泛言福建"的村庄数量加上"建宁"的村庄数量。

（一）宋代，外地迁入人口建立 9 个居民点

龙南镇：鳅湖塘唐屋、红岩唐屋、虎岩牛角龙凌屋

东江乡：黎坑曾屋（后迁汶龙上庄）

南亨乡：圭湖赖屋

里仁镇：东升罗屋、冯兴围钟屋

渡江镇：竹山钟屋、象塘钟屋

（二）元代，外地迁入人口建立 10 个居民点

桃江乡：曾屋围、水西岭下刘屋

渡江镇：朱谢朱屋

东江乡：老屋下刘屋、石龙围吴屋

关西镇：大举吴屋

杨村镇：象形围刘屋

夹湖乡：新城沙角宋屋

里仁镇：栗园围李屋、正桂老屋下李屋

（三）明代，外地迁入人口建立 122 个居民点

龙南镇：虎岽王屋、老围头王屋、会龙石屋、虎岽塘仔凌屋、水东胡屋、竹洲坝黄屋、会龙蓝屋、会龙程屋、江东廖屋、杨坊月屋、金华村刘屋、石人村陈屋、红杨陈屋、红岩周屋、会龙田心围钟屋、红杨魏屋、老屋下凌屋、塔下陈屋、金钩袁屋、新生傅屋、金钩牧笛王屋

东江乡：枫树岗彭屋、莲塘坑廖屋、晓坑老屋下刘屋、黄沙中村黄屋、黄沙蓝屋

桃江乡：桥头王屋、桥头朱屋、巷口刘屋、圳背刘屋、窑头张屋、水西容屋、白石岭黄屋、柯树塆黄屋、圳背曾屋、大瑞山袁屋

渡江镇：王荆王屋、浰江坝邓屋、新大蔡屋、老墟蔡屋、竹梓叶屋、石坪子蔡屋、黄坑口钟屋、黄花黄屋、永莲曾屋、三姓村曾屋、马头村曾屋、黄坑口钟屋

里仁镇：游阁老屋子钟屋、东升叶屋、新友杨屋、新友吴屋、山蕉坑叶屋、棠河墩李屋、老围仔邱屋、田心围邱屋、上山钟屋、上罗罗屋、石头圫谢屋、竹头下樊屋、金莲蓝屋、曹岭邹屋

关西镇：下九徐屋、大门光阮屋、围坳张屋、中心墩徐屋、上黄黄屋、程岭董屋、枫树岗郑屋、彭坊徐屋、下燕徐屋、岭下徐屋

汶龙镇：石莲王屋、邓公坑刘屋、下村刘屋、水东李屋、里陂何屋、庙背邹屋、天井湖郑屋、罗坝蔡屋、杉树老祠堂蔡屋

杨村镇：坳下叶屋、桥头任屋、员布朱屋、岗下朱屋、红旗周屋

程龙镇：杨梅卢屋、寨下李屋、坳下李屋、大坝李屋、三星夏屋、耀前林屋

武当镇：岗上叶屋、田心叶屋、北辰叶屋、饭箩寨叶屋、下松山叶

屋、老屋下刘屋、梨树下刘屋

南亨乡：老屋仔刘屋、大屋场张屋、老屋下陈屋、沙园围陈屋

夹湖乡：上灶朱屋、中洞张屋、松山背张屋、河背陈屋

九连山：下社刘屋、扶梨坑刘屋、上围陈屋、坪坑蔡屋、麻地坳陈屋

临塘乡：水口许屋、庙下何屋、社湾何屋、陂角何屋、余坑黄屋、老镇曹屋、黄竹陂谢屋、田心谢屋、下田心许屋、坳上范屋

（四）清代，外地迁入人口建立 42 个居民点

龙南镇：新生为善利屋、新生为善赖屋、新生墩上张屋、新生谭屋

桃江乡：路下围王屋、三只围王屋、洒源墟陈屋、洒口下潘屋、洒口张屋、桃树垅刘屋、上陈林屋、马排潭屋、窑头上徐徐屋、老屋子潭屋

东江乡：横岭下上朱屋、黄泥塘张屋、新圳罗屋、黄沙下迳老廖屋

临塘乡：上迳张屋、盆形谢屋

龙南镇：水东汤屋、老陈排陈屋、洪昌行廖屋、红杨温屋、中心墩刘屋

里仁镇：山下李屋、河背罗屋、学上堂钟屋、正桂涂屋、东坑大坪村李屋、均兴李屋、邹屋、凉伞迳陈屋、杨梅树下林屋

九连山：五洞王屋、扶梨坑袁屋、五洞张屋、上寨欧屋、墩头李屋

杨村镇：石咀头林屋

关西镇：园山郑屋、关东郑屋

（五）民国时期，外地迁入人口建立 5 个居民点

东江乡：黄沙塘陈屋、下湖陈屋、黄沙陂角仔王屋

关西镇：田心谢屋、沙树排谢屋

三、龙南主要姓氏源流与迁徙情况

以龙南较为常见的王、叶、刘、李、张、陈、林、钟、黄、曾、谢、赖、唐、蔡、廖等十五姓来看，明朝中后期进入龙南迄今约 20 代的占了大多数，他们大多来自闽西和粤东地区。

王姓，县内王姓中，太原堂王氏祖籍山西，唐昭宗年间迁闽，五代与宋朝时分支于粤，明朝时王发宝由粤而徙居鸡栖坑，嘉靖年间迁入虎岽，后分支于杨坊王屋等处。龙南镇老围头王姓之祖于明朝时从福建迁入，至今传 20 余代。汶龙镇石莲王氏之祖王南于明朝时从南京九曲巷迁入，至今传 20 余代。渡江镇王荆王姓之祖于明朝时从全南迁入，至今传 20 余代。桃江乡石桥头王姓之祖于明朝时从泰和迁入，已居 20 余代。桃江乡路下围王姓之祖于清朝时从现在全南的龙下迁入。黄沙陂角仔王姓之祖于 1947 年从广东普宁县迁入。九连山营林林场五洞王姓之祖王风秀于清朝时从现在全南的大华迁入，已居 10 余代。

叶姓，县内叶氏祖籍河南，后辗转南迁。武当镇岗上叶姓之祖叶平三和田心叶姓之祖叶本三均于明朝时从广东和平大楼牌迁入，至今传 20 余代。武当镇北辰叶姓之祖叶宗、饭箩寨叶姓之祖叶洪陆和叶秀洪、下松山叶姓之祖叶朱均于明朝时从广东南雄县坪田迁入，至今传 20 代。杨村镇坳下叶姓之祖叶智蓝于明朝时从福建迁入，至今传 20 余代。里仁镇叶屋叶姓之祖于明朝时从福建迁入，至今传约 20 代。渡江镇竹梓叶姓之祖叶元秀于明朝时从广东省南雄县乌迳七屋树下迁入，至今传 20 余代。东坑山蕉坑叶姓之祖于明朝从信丰小江迁入，至今传约 20 代。

刘姓，龙南县内刘氏祖籍在河南。唐僖宗乾符年间，有翰林学士观察使刘天饧弃官奉父刘祥避居福建汀州宁化县，后分支各地，县内桃川刘氏为刘祥之后裔。东江乡江头刘氏之祖刘万兴从福建上杭迁入。东江乡老屋下刘姓于元朝时从今定南地迁入，至今传 27 代。武当老屋下刘姓之祖刘奇兰和梨树下刘姓之祖刘奇英于明朝时从广东连平牛神头迁入，至今传 20 代。汶龙邓公坑老屋仔刘氏之祖刘发川和下村刘氏之祖刘发课均于明朝时从安远县石溪口迁入，至今传 21 代。龙南镇红岩村中心段刘氏之祖刘澎呈于清朝时从古家营大樟（今全南县地）迁入，至今传 13 代。龙南镇金华村刘屋刘氏之祖刘子能于明朝时从福建迁入，至今传 22 代。杨村象形围刘氏之祖刘开七于元朝时从今定南地迁入，至今传 27 代。南亨老屋仔刘氏之祖刘福隆于明万历年间从三亨左拔（今定南县地）迁入。九连山下社刘姓之祖于明朝时从广东连平上坪迁入，至今传 24 代。九连山扶梨坑刘姓之祖刘宗桂于明朝时从福建迁入，至今传 20 代。桃江乡水西岭下刘姓之祖于元朝时从广东兴宁岗背迁入，至今传 27 代。桃江乡巷口刘姓之祖刘其浩于明朝时从龙下迁入，至今传 20 代。桃江乡桃树垇刘氏之祖刘书于清朝时从龙下迁入，至今传 11 代。桃江乡圳背刘氏之祖刘子诚于明朝时从广东兴宁岗背迁入，至今传 21 代。

李姓，龙南县内李氏祖籍在甘肃，后辗转南迁。里仁狮山李氏之祖由广东南雄迁信丰新龙山再迁龙南。里仁栗园李氏之祖李中甫于元朝时从吉安文水迁入，至今已传 27 代。里仁山下李氏之祖李门德于清朝时从青龙山（今属全南县）迁入，至今传 17 代。汶龙水东李姓之祖于明朝从福建迁入，至今已传 20 余代。程龙寨下李姓之祖于明代从福建上杭迁入，至今已传 20 余代。程龙坳下李姓之祖于明代从福建上杭迁入，至今已传 18 代。程龙大坝李姓之祖李明耀于明代从福建上杭迁入，至今已传 20 余代。东坑棠河墩下李姓之祖李贺德于明朝时从福建宁化县安远迁入，后支分于圳背李屋。东坑大坪村枫树下李姓之祖李潘生于清乾隆九年（1744）从吉水迁入。东坑均兴村李姓之祖李时丹于清代从县内里仁栗园迁入，已传 11 代。

张姓，龙南县内张氏祖籍在河南，后辗转南迁。桃江乡张屋张氏之祖张芳山于明朝时从安远迁入，至今传 20 余代。龙南镇新生张屋张氏之祖张文升于清康熙年间从安远迁入。夹湖乡中洞张姓之祖于明朝时从寨头（今定南地）迁入，至今传 20 余代。夹湖乡松山背张姓之祖于明朝时从福建迁入，至今传 20 余代。九连山五洞张氏之祖张桂英于清朝时从广东桂东桂堂迁入，至今传 10 余代。东江乡黄泥塘张氏之祖于清朝时从福建上杭迁入，至今传 16 代。关西围坳张氏之祖张仲昂于明朝时从泰和迁入，至今传 22 代。南亨乡大屋场张氏之祖张金六于明朝时从福建迁入，至今传 20 代。临塘乡上迳张氏之祖张润会于清末从福建古田迁入，至今传 7 代。

陈姓，龙南县内陈氏祖籍在河南，后辗转南迁。九连山营林林场上围陈姓之祖陈宗信于明朝时从广东上坪迁入，至今传 20 余代。南亨乡老屋下陈姓之祖陈文兴于明朝时从福建迁入，至今传 20 余代。南亨乡沙园围陈姓之祖陈子稼于明朝时从福建迁入，至今传 20 余代。桃江乡洒源墟陈姓之祖于清光绪年间从全南府坳迁入。龙南镇塔下陈姓之祖陈仕贵于明末从九江迁入。东坑凉伞迳陈姓之祖陈秀泽于清朝时从信丰小江迁入，至今传 10 余代。龙南镇老陈排陈姓之祖于清朝时从福建迁入，至今传 15 代。龙南镇石人村陈屋陈姓之祖陈彦英于明朝时从定南县半天塘迁入，至今传 20 余代。龙南镇红杨陈屋陈姓之祖也于明朝时从半天塘迁入，至今传 18 代。东江乡大稳、中和的陈姓始祖陈庆文（文宾，陈泰二子）在元代中后期从湖南长沙府茶陵州蒲江县云阳山迁入，至今传 30 余代。夹湖乡河背陈姓之祖陈胜于明末时从福建迁入，至今传 16 代。东江乡黄泥塘和下湖坑陈姓之祖分别于 1933 年和 1946 年从广东五华迁入。

林姓，龙南县内林氏祖籍在河北，后辗转南迁。程龙盘石林姓之祖林志通于明正统年间从福建莆田县迁入，已传 20 余代，程龙黄姜坝、五一村园屋、富坑等地林姓为其分支。杨村石咀头林姓之祖于清朝时从安远县八湖堡迁入，至今传 12 代。

钟姓，龙南县钟氏祖籍在安徽，后辗转南迁。象塘钟姓系钟琦之后裔，远祖本为中原世家大族，因避侯景之乱而流落南方，后定居兴国。先祖越国公钟绍京曾任唐中书令（宰相）。宋乾德丁卯年（967），钟仙之四世祖钟琦从平川（今兴国）迁龙南象塘。龙南镇会龙田心围钟氏之祖钟世清于明朝从福建汀州迁入，至今传 20 余代。渡江竹山钟姓之祖钟琦于宋乾德丁卯年（967）从兴国竹坝迁入，至今传 30 余代。里仁冯湾钟姓之祖钟满宝于明初从福建长汀迁入。里仁学上堂钟姓之祖于清朝时从福建汀州迁入，至今传 10 余代。里仁老屋仔钟姓之祖于明朝从定南月子大汶头迁入，至今传 20 多代。东坑上山钟姓之祖于明朝从定南石坪子迁入，至今传 20 余代。

黄姓，龙南县内黄氏祖籍在河南，后辗转南迁。关西上黄黄姓之祖黄圣四于明朝时从定南三亨迁入，至今传 24 代。黄沙钟黄黄姓之祖于明朝时从福建迁入，已传 20 余代。龙南镇竹洲坝黄姓之祖黄洪舜于明朝时从定南迳脑陈坑寨迁入，至今传 19 代。渡江黄花黄姓之祖于明朝时从福建迁入，已传 20 余代。临塘乡余坑黄姓、桃江乡白石岭黄姓和桃江乡柯树弯黄姓之祖，皆于明朝时从今全南地迁入，至今传 20 余代。

曾姓，龙南县内曾氏祖籍在山东，后辗转南迁。汶龙曾氏可溯之祖曾廷原居吉阳，五代时迁虔州（今赣州），五传至曾殷阜迁长宁（即今寻乌），数传至曾长新迁龙南大稳，继至黎坑，明洪武年间曾长新之孙曾士弯移居汶龙上庄田背坑。渡江莲塘曾氏之祖曾子贵于明朝时从福建上杭燕竹岗迁入，至今传 20 余代。桃江乡曾屋围曾氏之祖曾省斋于元朝时从泰和县迁入，已传 27 代。桃江乡圳背曾氏之祖曾是宏于明朝时从万安县凤凰山迁入，至今传 20 余代。

谢姓，龙南县内谢氏祖籍在河南，后辗转南迁。明正统五年，谢汉聪自粤东镇平赴赣从戎，升任副将，后立基安远罗星坪；汉聪逝后，次子谢文斌、长孙谢茂兰同徙龙南黄竹陂，即今临塘乡黄陂，后迁播于今临塘乡老麻坑、李屋场、石人坑、鹅颈、东坑，东江乡贯下、松山镇、石人坳及关西等地。除谢文斌之支外，其他源流有：关西田心谢姓之祖于 1940 年从定南县新城迁入；关西杉树排谢姓之祖于 1932 年从定南留村迁入；东坑石头丘谢姓之祖于明末从信丰小江中心迁入。

赖姓，县内赖氏祖籍河南。桃川赖氏十二世祖赖忠诚于三国时迁桴源（今宁都地）；十三世祖赖列宝于西晋永兴年间仕迁浙东；十五世赖士端于东晋宁康年间从浙东迁浙西松阳；十八世祖赖仲方于南朝宋元嘉年间迁雪竹坪（即今宁都城关镇）；二十世祖赖度从雪竹坪转迁桴源；二十八世祖赖泰重于南宋高宗时从桴源迁龙南县圭湖。赖泰重为龙南县桃川赖氏开基祖，明洪武年间其六世孙赖海清分支于杨村。

唐姓，龙南县内唐氏祖籍在河北，后辗转南迁。北宋时曾任广州枢密使的唐宗道秩满后择居龙南县新兴（今全南乌柏坝地），其孙唐国忠为龙南县第一名进士，官至国子监祭酒。南宋时唐国忠五世孙唐景辉从新兴徙居杨坊。故以今县境论，唐景辉为唐姓入龙南始祖。

蔡姓，龙南县内蔡氏祖籍在河南，后辗转南迁。汶龙罗坝蔡氏属济阳堂，可溯之祖蔡七郎原迁居福建长汀，后移居上杭；三世孙蔡斌、蔡兴随母刘氏于明景泰七年（1456）迁安远徙寻乌又徙龙南罗坝定居，至今传 20 余代。渡江新大蔡姓之祖蔡诚六于明朝时从南康县迁入，至今传 20 余代。渡江田心、老墟、石坪仔蔡氏之祖蔡观于明朝时从福建迁入，至今传 20 余代。

廖姓，龙南县内廖氏祖籍在河南。江东廖氏可溯之祖在唐朝和北宋时居江西宁都，北宋末年迁福建辗转于宁化、顺昌、上杭、永定等地，明永乐、洪熙年间分支于广东翁源腊溪。明宣德年间廖盈窗自翁源腊溪迁入龙南江下，繁衍于寨背、榕树下、新坪、嘉吉、上西门外廖屋等地。东江乡莲塘坑廖氏，龙南镇洪昌行廖氏和黄沙老屋廖氏，则于明朝从福建迁入。

综合上述情况，客家龙南人口的演变是一个复杂的整体社会变迁的过程和结果，既与大时代背景紧密相关，也有局部区域的地域特点；既有无奈的暴力抗争，也有温和的自我融入；既有为改善生存条件的被迫迁徙，也有稳定环境下的自然增长。但始终不变的，是不断求索安定宜居条件和追求美好生活的向往！

龙南人口考（二）

龙南是客家原乡，客家文化研究先驱罗香林先生将龙南归类为"纯客家县"，对于客家人口流动作出过"五次大迁徙"的论断，他指出，"客家先祖东晋以后开始南迁，远者到达今江西的中部和南部，近者达到颍、淮、汝、汉诸水间，在唐末黄巢起义以后及五代时期再迁入闽、赣二省边的汀、赣二州，于五代宋初形成民系，宋元之际开始自汀、赣迁入广东"，"有的是唐宋时即占籍其地的，有的是明清后，才从闽粤搬过去的"①。

在罗香林论断的基础上，为便于简单明了地区分这些不同时期迁移而来的客家人群，学界常以客家方言为识别标准，将明代以前从北方迁入赣南定居的早期居民及其后裔称为"老客"，明清时期从闽粤返迁进入赣南的人口及其后裔谓之"新客"。

笔者通过《龙南人口考（一）》对龙南历代人口情况和形成已作了部分解读与论述，但仍感意犹未尽，为更加清晰地说明龙南客家人迁徙的社会背景，笔者结合田野调查与相关文献梳理，试图通过更为丰富的史料再对龙南各时期人口迁入情况进行研究分析，以期勾勒出龙南历史上各阶段移民发生、发展的基本轮廓及所处历史时期的政治、经济、社会背景。管中窥豹，落叶知秋。接下来，笔者将以龙南一隅的曲折变迁来展现赣南客家人在历史长河中的跌宕起伏与奔腾不息。

---

① 罗香林. 客家源流考：第 3 卷［M］. 北京：中国华侨出版社，1989：15，16.

一、唐朝之前

　　赣南地处江西南部赣江上游，南扶百越，北望中州，据五岭之要会，扼赣闽粤之要冲，素有"江湘枢键""岭峤咽喉"之称，地理位置十分重要。

　　龙南则地处赣南的最南端，与广东接壤，属于远离行政中心的偏远之地。龙南地形以山地丘陵为主，县城及周边有少量山间盆地与河谷平原，全境地势西南高东北低，南部九连山脉群山连绵，西北部隆起，北部丘陵与信丰平原相接，素有"八分山地一分田，一分水路和庄园"之说。龙南属于赣江水系，境内江河纵横，水量丰富，桃江、渥江、濂江均可通航，三江在城北汇流再向北流出县境，通达赣江，远至长江，沟通江南。陆路以山间小路连通北向的赣州府以及东、南、西三界的闽、粤地区。龙南既地处要地、沟通南北、连贯东西，又山高林密、山险路遥、风气限隔，这种地理位置上的双重特性很大程度上影响着龙南纷繁复杂、起伏动荡的历史进程。

　　秦汉时期龙南属南垒县地，三国吴嘉禾五年至南唐保大十年（236—952），龙南先后为南安县、南康县、复置的南安县及信丰县县地，南唐保大十一年（953）置龙南县。明隆庆三年（1569）割龙南三堡合信丰、安远之地置定南县，清光绪二十九年（1903）划龙南二堡合信丰之地置虔南厅（全南县）。历史上龙南建制大体稳定，相沿至今。

　　最早迁入龙南的北方移民大概可以追溯至秦汉时期。赣南因地控闽粤地势险要，秦汉时已经设治，秦南征百越之时赣南已派兵驻屯，出现了赣南最早的汉人与百越等少数民族杂处的情况。但由于缺乏史料文献，这些古老居民已经难以稽考。在中华民族人口迁移"由西向东""由北向南"这一大趋势之下，龙南至迟不晚于唐代之前就已出现汉族居民定居的情况，是赣闽粤客家核心区中客家先民迁入定居较早的地区之一，是"客家摇篮"赣州的重要组成部分。尽管唐宋时期迁入的人口不多，但客家先民进入龙南所带来的中原先进文化和生产方式对后世影响深远，推动了早期客家民系的基本形成。

二、唐朝时期

　　唐代初期南赣地区经济文化总体尚处于较为落后的状态，当时作为汉族人口的客家先民大多还滞留在河南西南部、安徽南部和江西中北部等地区，但已有少量汉族人口率先到达赣南、闽西等地。唐代安史之乱爆发，江西基本未受到战争的影响，大体保持和平发展局面，部分南下避乱的北方移民经荆襄和淮南两地迁入江西，江西成为该阶段移民的重要迁入区[①]，赣南地区汉族人口得到进一步补充。据曹树基考证，唐朝时期从北方迁来的人口已经开始了在赣南东北部山区（宁都等地）的农业垦殖[②]。尽管这一时期并无直接史籍文献记载，但通过考古发现可对当时龙南之情形窥探一二，足证龙南的部分河谷平原地区已经有汉族人口踏足定居，并且生产力得到了一定程度的发展。

　　1963年底，江西省文物管理委员会工作人员于赣南考古调查期间在龙南县象莲公社（明清旧称象塘堡，1984年改称渡江乡，2000年7月改渡江镇）以北发现古代窑址，两座窑址保存至今，分别为唐代象莲窑遗址与唐代象莲龙窑遗址。象莲窑遗址面积不大，遗址内古代陶器残片浅埋于表土，也有部分露出地面。象莲窑遗址窑体分两种：一为普通型，即馒头型或葫芦型；二为龙窑型。象莲窑龙窑型遗址在象莲窑遗址地段上。龙窑形似长龙，两壁立墙连接半弧拱圈，长约15米。龙窑布局窑头低窑尾高，顺斜坡向上延伸，两侧各开有2处洞门。从窑址出土的标本器型看，有钵、罐、碗、壶等，都是民间不可少的日常用器，而且瓷质粗糙，胎壁厚重，经济耐用。经文物专家鉴定，为唐代烧造，彼时龙南尚未建县，人口较少，经济社会发展程度较低。窑址出土陶瓷烧制技术

　　① 葛剑雄，曹树基. 中国移民史：第3卷 [M]. 福州：福建人民出版社，1997：291.
　　② 葛剑雄，曹树基. 中国移民史：第3卷 [M]. 福州：福建人民出版社，1997：291.

成熟，批量生产，成品数量远超该地农家日用所需，已经具有明显的商品流通属性。由此可以推断，当时龙南局部区域人口已经达到一定规模，生产力已经得到一定发展，突破了以农耕为主的小农经济，在自然分工的基础上已经出现社会分工，出现了专业化生产和跨区域商品交易。在临近的定南唐代古墓中发掘出土的陶器，器型纹饰与象塘窑址所出一致。由此我们可以推断，龙南象塘堡古窑所产陶瓷作为流通商品，当时已至少行销赣、粤周边县邑。

生产力发展至此，料想应该是先期在龙南定居的汉人所推动的。毕竟百越、畲、瑶等民族尚处于刀耕火种的阶段，生产力不至于达到制造商品陶瓷的阶段。

象塘堡位于龙南城区西南面，桃江河从西南流入，蜿蜒穿境而过，向东北流出，地形以南、北为山，中间河流冲积盆地地势平坦开阔，面积达 21 平方公里，是龙南除城区以外最大的盆地。平坦的地势以及丰沛的水源使得象塘堡自古以来就是龙南重要的粮食和经济作物产地。相对优越的自然地理环境，吸引先民不晚于唐代就开始迁居于此，落地生根、繁衍生息，也让象塘堡成为龙南最早有汉人定居的区域之一。

古象塘堡区域现为龙南市渡江镇，遍访居住在该区域的当地居民得知，现境内姓氏 21 个，各姓氏均有族谱列传，大多源流、谱系清晰，亲疏有据，传承有序，大多都有于何时从何地迁入龙南的记载。其中较早迁入该地的有北宋迁入的钟姓，南宋迁入的赖姓，以及元代迁入的朱姓、肖姓。其余各姓皆为明代（含）以后迁入。至于唐代以前在此处生存繁衍的原住民，那个生产力发展到较高水平，已出现明确社会分工，能够生产陶瓷行销周边各邑的族群姓甚名谁，现居何处，是因人口太少而弥散于后来者之中，抑或是因动乱早已举族外迁，当下尚无法考证。

良好的自然地理条件，悠久的定居史，不仅让象塘堡在唐代就出现商品经济萌芽，历史的积淀也让象塘堡居民在此后龙南的历史长河中展出高光，其中象塘堡在科举选拔上所取得的巨大成就，在龙南无出其右。龙南可考的宋、明两代进士及举人共计 8 人（详见附录四），其中，来自象塘堡一地的人数就有 5 人，占比 62.50%。

三、五代时期

江西在唐末时期全境相对安宁，五代时期南方各国普遍采取保境安民的做法，而江西又是吴和南唐的大后方，所以战乱很少，相对稳定，社会生产力没有遭到严重破坏，在政府休养生息政策的背景下赣南等地经济得到一定发展，人口自然稳定增长。持续稳定的大环境吸引着北方避乱移民人口的大量涌入。官方为应对区域人口的增长，做好基层社会管理，往往会增设县一级行政机构。南唐保大十年（952）上犹建县，保大十一年（953）龙南、瑞金、石城建县，或许也可以视为五代时期人口自然增长以及北方人口迁入导致赣南山区人口增多的佐证。

建县伊始，龙南人口数目无考。但南唐以户数多寡为考量将各县粗分为上县、中县、下县，龙南初建县时为下县，可见人口不多。直到150 余年后的北宋大观元年（1107）龙南升为中县，人口才有显著增长。

尽管已经建县，但笔者尚未见五代时期关于龙南的直接文字记载。现仅可通过龙南几个姓氏族谱中对家族迁徙过程的描述，从侧面看出唐至五代时期客家先民从北方辗转迁徙进入龙南的过程。如：龙南境内颍川堂钟姓祖籍安徽，因避侯景之乱（548—552，南北朝）迁入；武威堂廖氏祖籍河南，十二世崇德公唐贞观中以明经登第，除虔化县令（今地属宁都），任满遂家虔化；太原堂王姓祖籍山西太原，唐昭宗年间迁闽，五代与宋朝分支于粤；彭城堂刘姓祖籍河南，唐僖宗乾符年间避居福建汀州宁化；鲁国堂曾姓祖籍山东，五代时迁虔州（赣州）。

四、宋朝时期

北宋政权的建立，结束了五代十国混乱割据的局面，但北方始终不安宁，中原地区持续在与辽、西夏等政权对峙。北宋时期"国家根本，仰给东南",国家重心加速南移。至北宋中期,国家承平日久,社会安定、经济繁荣。北宋中后期,赣南地区迎来外来移民高峰,移民数量已超过本地居民数量①。北宋末期,金人南下,靖康之难后政权南渡,导致大量北方人口南迁。"中原士民,扶携南渡,不知几千万人","建炎之后,江、浙、湘、闽、广、西北流寓之人遍满"②。"在赣南人口形成的过程中,以唐代前期及南宋初年最为重要。这两个时期迁入的人口均超过了原有的土著人口,形成了人口重建。"③

位于赣南南部深山之中的龙南也在宋代正式开启了客家移民大规模迁入的序幕。对龙南现存姓氏族谱的调查显示,宋代已经有客家氏族迁入龙南,目前可考的宋代迁入龙南的客家氏族共有7个,其中从闽西迁入的仅有1例,从赣闽粤毗邻地区三省人口互动的角度来看,宋代时期赣南更多还是属于人口输出地。

表1—4　　　　　　宋代迁入龙南的7个氏族列表

姓 氏	迁入时间	迁入地	途经地
钟	北宋	渡江象塘	赣南兴国
唐	北宋	新兴堡	广东广州(官员调动)
钟	北宋	渡江竹山	赣南兴国
罗	南宋	里仁罗屋	福建上杭
凌	南宋	虎岩牛角龙	湖广武昌(官员调动)
徐	南宋	里仁堡关西	赣中泰和
赖	南宋	东坑圭湖	赣南宁都

其中,根据龙南渡江镇《象塘钟氏十修族谱世系》记载,钟琦(一

① 谢重光. 福建客家 [M]. 桂林:广西师范大学出版社,2005:16.
② [元] 脱脱,等. 宋史:第23卷 [M]. 北京:中华书局,1985:6.
③ 曹树基. 赣、闽、粤三省毗邻地区的社会变动和客家形成 [J]. 历史地理,1998,000 (1):123—135.

世，亮祖长子），初名镇，字元贵，生于闽王永隆己亥年（939）十月十六，宋乾德丁卯年（967）由平川（今兴国）迁龙南象塘。这是可考的最早进入龙南的客家人，后世称其为"龙南客家第一人"。其四世孙钟仙是北宋元丰五年进士。

部分家谱对于宋代龙南入迁情况也有记述，关西镇《徐氏八修家谱》中写道："惟即其旧谱所载，自赣石分徙于吉之万安皂口者为一世祖，自皂口迁于龙南关西者为龙南迁祖，其时则宋嘉熙丁酉，其祖则八世云彬也。云彬之兄曰云兴，则迁于泰和水南，又为泰和水南之迁祖也。云彬距今已阅三朝益四百余年，子孙蕃衍不可纪极。"该序言为康熙年间龙南知县徐上所著，表明关西徐氏早在南宋嘉熙初年（1237）就已迁居龙南关西。

南宋距今已七八百年，其间经历沧海桑田世事变迁，时至今日仍有7个氏族的后人居住在龙南这片土地上，遥想宋朝时期，北方移民进入龙南肯定别有一番盛景。现存这7个氏族是宋代龙南居民的组成部分，也是先期迁入龙南"老客"的代表。但可以肯定的是这7个氏族只是宋代北方汉人迁入龙南人口中极小的部分，还有更多曾经在龙南大地上驻足停留的客家氏族湮没在了漫长而动荡的历史洪流之中。

同时，南宋初期大量北人南迁的触角延伸到了赣南邻近的闽西和粤东北地区，成为客家民系形成关系最为关键的一次人口迁入。受到南宋初期的移民浪潮冲击，赣南地区聚集的大量北方移民没有就此停下迁徙的脚步，一部分往东进入了闽西的汀州等地，一部分则按照"由北向南"的历史惯性继续南迁，来到了粤东北地区。一般说来，粤东的北部（今梅州）开发晚于赣南、闽西，该地唐代为潮州属下的程乡县，五代十国南汉乾和三年（945）才设立州一级建制。宋代赣南、闽西、粤东北三地先后因北民南迁人口出现急剧增长。开发较晚，更多是作为赣、汀移民的接纳地的梅州也出现了"土旷民惰，而业农者鲜，悉借汀、赣侨寓者耕焉"的情形[①]。赣南、闽西、粤北三地北方汉民南迁人口基础形成。

---

① 祝穆．方舆胜览：第36卷［M］．北京：中华书局，2003：106．

又因为三地位置相邻，具有相似的自然环境，三地人口来往频繁、联系
紧密，造就了相近的民风、士习，形成了类同的方言、方音，成为一个
声气相通、语言风习相近、社会习俗类同乃至同质化的社会文化单元①。
三地连成一片，形成了文化边界，且与相接的吉州、漳州、潮州等地区
形成明显分野，一个新的汉族民系——客家就此诞生！确切来说是客家
民系的初步形成。

五、元朝时期

宋元之际，文天祥招募包括客家人和畲族人在内的士卒抗击元军，
元军举重兵围剿，双方主要战场就是赣、闽、粤三省毗邻地区。惨烈的
战争以及伴随而来的鼠疫使得赣南、闽西、粤北地区千里丘墟、哀鸿遍
野，人口折损比例高达 80% 左右②。

此时北方各地同样遭受着战火与瘟疫的洗礼，人口凋零，历史上的北
方移民大规模南迁入赣南的时代正式结束。宋代进入赣闽粤三地的客家人
之间的交流互动开始频繁起来，赣南内部的人口流动并未停歇。这从元代
迁入龙南的氏族数据中可略见端倪。元代迁入龙南氏族共计 12 个，其中由
赣南内部迁入的有 8 个，占比 66.67%，由闽粤迁入的有 4 个，占
比 33.33%。

表 1—5　　　　　　　元代迁入龙南的 12 个氏族列表

姓　氏	迁入时间	迁入地	途经地
月	元	坊内堡杨坊	赣州府
朱	元	渡江果龙	福建汀州
刘	元	东江老屋下	赣南定南

---

① 谢重光. 南宋中后期客家民系的初步形成 [J]. 地域文化研究，2022（4）：106.
② 曹树基. 赣、闽、粤三省毗邻地区的社会变动和客家形成 [J]. 历史地理，1998，000（1）：
128，131.

续表

姓　氏	迁入时间	迁入地	途经地
刘	元	杨村象形围	赣南定南
刘	元	桃江水西坝	广东兴宁
李	元	里仁栗园围	赣中吉安文水
吴	元	关西老屋下	福建
宋	元	南亨圭湖	赣南南安府大庾
徐	元	杨村枧头	广东龙川
曾	元	东江大稳	赣州府
曾	元	桃江水西坝	赣中泰和
萧	元	渡江象塘	赣南兴国潋江

　　历史上元代赣南并没有大规模外来移民迁入，这点从人口情况可以得到佐证。据嘉靖《赣州府志》记载，元代至元二十八年（1291）赣州人口为28.5万人，至明代洪武二十四年（1391）人口为36.6万人。元初人口锐减之后的百年间人口仅增长8.1万人，年均增长率2.5‰。龙南人口情况大抵也是如此。龙南继续处于唐宋以来的未完全开发状态，人口密度较低的情况直到明代中叶才发生根本扭转。

　　元代是客家民系发展的关键时期，表现为客家人口数量大幅增加，分布区域扩大，赣闽粤边客家大本营格局形成[1]。其中，推动客家民系发展的最重要的因素就是畲民的汉化。唐宋时期，畲族广泛分布于粤东、闽西、闽北等地山区，刀耕火种，生产力水平低下，为化外之民。两宋时期客家人大量进入闽西、粤东地区，但在宋元之际又大量死亡。由于畲民居于深山，受到战乱瘟疫的冲击更小，死亡率更低，相对人口有所增加。元朝时，客家人与畲族人出于保卫家园、反抗压迫的共同诉求，联合起兵抗元，反元斗争失败后又进山躲入畲峒，大量客家人和畲族人错居杂处，客、畲互相影响，相互融合。客家人自带的中原文化优势以

　　① 谢重光. 元代畲族史的几个问题［J］. 广西民族师范学院学报，2018，35（5）：5.

及先进的农业生产方式逐渐将畲民汉化，更适宜山区生活的畲族服饰也成为客家服饰演变的重要参考。联合畲民抗元的斗争经历也让客家人形成了强烈的"中原意识"。与畲族的亲密关系又让客家在以后的历史记载中多了几分"畲""瑶"等族群的色彩。此后这种种变化都随着明代闽粤客家移民大规模倒迁入赣的过程而逐渐普及。

六、明朝时期

明清两代是闽、粤及赣中客家移民大量迁入龙南的时期，移民迁入的方式有二，其一为流劫赣南被镇压后就近安置，其二为应田主招佃前来耕田垦山。明清时期移民迁入龙南的人口规模大，导致人口结构性重组。在原有社会治理体系崩坏的大环境下，人口的流动与持续的社会动荡同步相关、互为因果，相互交织，继而直接决定了龙南明清两代社会经济文化的走向，也奠定了龙南客家人口的基本格局。

元明之交，经历了元末战乱以及鼠疫等传染病的大规模流行，人口大量损失，赣南地区人口稀少，数量较南宋时期减少了三分之一①，陷入地广人稀的萧条状态。永乐、宣德年间"赣为郡，居江上流，所治十邑皆僻远，民少而散处山溪间，或十里不见居民"②。成化年间，"南、赣二府地方，地广山深，居民颇少"③。尤其以龙南、安远等南部山区为甚，户不上千、口不上万。洪武二十四年（1391），龙南共 260 户，1246 人。人口不及宁都（32702 户，157306 口）等人口壮县百分之一④。

---

① 董天锡. 嘉靖赣州府志：第 4 卷［M］. 上海古籍书店据宁波天一阁藏明嘉靖刻本影印，1962.

② ［清］钟音鸿. 赣州府志：第 66 卷［M］. 刻本.［出版地不详］：［出版者不详］，1873（清同治十二年）.

③ 中研院历史语言研究所，校印. 明实录附校勘记［M］. 北京：中华书局，2016.

④ 董天锡. 嘉靖赣州府志：第 20 卷［M］. 上海古籍书店据宁波天一阁藏明嘉靖刻本影印，1962.

明代前期龙南人口稀少，土地大量抛荒，形成了人口流动的洼地，吸引周边地区民众纷至沓来。而客家人自宋元迁入闽西、粤北等地之后，得到了较快的发展，明代已布满广东东部、北部的不少山区①。此时迁入龙南的人口主要来自北侧的赣中以及赣南宁都、赣县等人口大县，东侧的闽西、粤东地区，西部和南部的粤北地区。其中，以倒迁入赣的闽粤移民数量最多、持续时间最长，成为龙南外来移民的绝对主体，也成为龙南客家族群中人口占比最大、影响最深远的组成部分。

表 1-6　　　　　　　　各时期迁入龙南氏族数量及占比

迁入时间	唐	五代	宋	元	明	清
氏族数量	0	0	7	12	117	35
占比	0	0	4.1%	7.0%	68.42%	20.47%

闽粤移民迁入龙南流移、定居、落籍的过程中，流民与土族以及不同族群的流民之间由于对生存资源的争夺，产生了激烈的族群矛盾，从而引发了持续的社会动乱。而冲突对抗的根源既有人地矛盾的原因，又与当时的社会政治环境直接相关。

明代初期实施人口普查，推行里甲制度，以黄册制度登记户口，以鱼鳞图册记录土地。户口又按职业划分为民籍、军籍、匠籍等，各色户籍世袭罔替。民籍"农业者不出一里之间，朝出暮入，作息之道相互知"，把人口束缚在土地上，离乡者则必须持"路引"。军籍则实行卫所制度，军队屯田，自给自足。民兵是军籍以外，由地方官府组织用以维持治安的力量，称民壮、义勇或弓兵、机兵、快手等。户籍制度力图把全体社会成员纳入里甲体制之中，同时对军、民身份职业和行动范围进行严格限制，对基层社会实行高压管控，然而，政策在执行过程中却暴露出诸多弊端。

军籍方面，为分散地方军权，永乐时期开始实行班军制度，以"边操"让南兵北戍，以"京操"让地方军队进京演练做苦役，士兵钱粮自

---

① 吴松弟. 客家南宋源流说［J］. 复旦学报：社会科学版，1995（5）：6.

给、疲于奔波，沦为被压榨的奴隶。加之军官腐败、田赋过高等原因，大量军户逃跑，军田荒芜，卫所制度逐渐崩溃。正德年间时任南赣巡抚的王阳明指出："且就赣州一府观之，财用耗竭，兵力脆寡，卫所军丁，止存故籍；府县机快，半应虚文；御寇之方，百无足恃，以此例彼，余亦可知。"① 当时赣南地区的正规军和民兵组织基本已丧失防卫功能。

民籍方面，沉重的赋役让耕种者几无所得，时人罗伦指出，吉安一带"吾邑之民，困于背敛，其患甚矣……今日有秋粮之征，有夏税之征，有上中户之征，用其五，用（征）其六矣。欲民之不流离而去为盗也，难矣"②。"村野愚懦之民以有田为祸"，"地之价赋者亩不过一两钱"，"欲以地白付人而莫可推"。为逃避赋役，农民大量离开土地。同时，地方豪绅对土地的兼并也是十分严重，"有等土豪之民，置有田庄房屋或二十余处，其心犹有不足，一见附近人民有好山园陆地，辄起谋心"③。赣南临近的闽西、粤北等地情况也大体如此，成化初期福建汀州知府张宁指出，"访得各属人民近年有为官府贪求、豪强逼协，大则躲山泽，久旷粮差"④。

赣、闽、粤边区避徭役自愿离开土地或者遭兼并被迫失去土地的农民成为编户齐名之外的"无籍之徒"，被迫成为流寇，外出逃亡、寄食他乡。里甲户口的大量逃亡伴随着里甲田赋、丁税的大量丧失，里甲组织濒临解体。依靠赋役带来的财政来源大幅减少，卫所军和民兵组织均遭受破坏，这种情况下地方政府对基层社会的控制力大为削弱，以致难以维持正常的统治秩序，偏远山区更加鞭长莫及。

洪武年间政府鼓励人民开垦荒田，大批移民纷纷迁入赣南。时人金汝嘉说："今日之赣（州）非无事之国也，闽广流民聚居山谷，为奸作

① ［明］王守仁. 王文成全书：第1卷［M］. 上海：上海古籍出版社，1993.
② ［清］定祥. 光绪吉安府志：点校本［M］. 北京：中华书局，2015.
③ 中研院历史语言研究所，校印. 明实录附校勘记［M］. 北京：中华书局，2016.
④ ［明］张宁. 方洲集：第2卷［M］.［出版地不详］：［出版者不详］，［出版年不详］.

薮，渐见蠢蠢。"①

　　明中期以后，大量编户齐名脱离里甲体制，外出逃亡，形成全国性的大规模流民运动，并一直持续到清代初期②。明代赣南的人口流动错综复杂，赣闽粤边区人口频繁地互相流动，赣南既是赣闽粤边流民人口的最大输出地，又是流民人口的最大接纳地③。地处赣南南部的龙南因毗邻粤地又远离官府，加之山高林密，成了流寇滋生聚集、呼啸山野的温床，也是遭受流民运动冲击和影响最直接最广泛最深远的地区之一。

　　按政治属性，明代移民可分为官方主持的移民和民间自发的移民。官方如军籍移民和屯田垦荒等政策移民，以明代早期为多，但总体人数极少。而民间移民则规模更大，持续时间更长，在明代里甲户籍制度下民间自发移民都是非法的脱籍者。明代迁入龙南的人口以后者为主。移民族群则主要包括赣中地区为主的佃农、流寓户、寄庄户以及闽粤地区为主的流民、流寇，其中部分闽粤移民还有畲、瑶等族裔背景。

（一）赣中移民

　　早在成化年间，就有赣中移民迁入赣南："南、赣二府地方，地广山深，居民颇少。有等富豪大户不守本分，吞并小民田地，四散置为庄所。邻近小民，畏避差徭，揭家逃来，投为佃户，或收充家人……访得南、赣等府地方大户并各屯旗军，多有招集处处人民佃田耕种，往往相聚为盗，劫掠民财。"④《明实录》则称："江西盗之起由赋役不均。官司坐派税粮等项，往往徇情畏势，阴佑巨害，贻害小民，以致穷困无聊，相率为盗。而豪家大姓假以佃客等项名色窝藏容隐，及至事发，曲为打点脱免，互相仿效，恬不为怪。"⑤ 由此可以看出，当时人地矛盾和主佃关系

---

①　［清］钟音鸿. 赣州府志：第17卷［M］. 刻本. ［出版地不详］：［出版者不详］，1873（清同治十二年）.

②　李洵. 试论明代的流民问题［J］. 社会科学辑刊，1980（3）：13.

③　王东. 明代赣闽粤边的人口流动与社会重建［J］. 赣南师范学院学报，2007（2）：10.

④　中研院历史语言研究所，校印. 明实录附校勘记［M］. 北京：中华书局，2016.

⑤　中研院历史语言研究所，校印. 明实录附校勘记［M］. 北京：中华书局，2016.

已经开始显露，而大户利用逃移佃户勾结为盗的情况也是较早就已出现并且相当普遍。

明代中期开始，赣中北一带的移民开始大量进入赣南地区。嘉靖初年南赣巡抚周用在一份奏疏中指出："南赣地方，田地山场坐落开旷，禾稻竹木生殖颇蕃，利之所共趋，吉安等府各县人民常前来谋求生理，结党成群，日新月盛。其般运谷、石，砍竹木，及种蓝栽杉、烧炭锯板等项，所在有之。又多通同山户田主，置有产业，变客作主。"①

嘉靖年间任兴国知县的海瑞也指出："兴国县山地全无耕垦，姑量弗议。其间地可田而未垦，及先年为田而近日荒废，里里有之……访之南、赣二府，大类兴国，而吉安南昌等府之民，肩摩袂接。"②

大致来说，明代迁入赣南地区的赣中籍移民，主要分布在开发较早的农耕区，如兴国、于都、赣县等中北部盆地或河谷平原地带，以及南部信丰县的河谷地带。

赣中移民有地利之便，迁入时间早，落籍早，生产力水平高，还有赣中地区文化教育昌明的道统优势，但移民人口规模十分有限，人口比例远不及闽、粤移民。这其中又有何缘故？

实际上，赣中移民迁入荆湖地区者多，迁入赣南地区少，"佃田南赣者十之一，游食他省者十之九"③。之所以舍近求远，其原因在于"一佃南赣之田，南赣人多强之入南赣之籍。原籍之追捕不能逃，新附之差役不可减，一身而二处之役加焉。民之所以乐于舍近，不惮就远，有由然矣"④。赣中、赣南同属一个省级行政范围，就近移民仍会被官府强迫就

---

①　[清] 陶成. 雍正江西通志：第 117 卷　乞专官分守地方疏 [M]. 刻本. [出版地不详]：[出版者不详]，1848（清道光二十八年）.

②　[清] 钟音鸿. 赣州府志：第 68 卷　兴国八议 [M]. 刻本. [出版地不详]：[出版者不详]，1873（清同治十二年）.

③　[清] 钟音鸿. 赣州府志：第 68 卷　兴国八议 [M]. 刻本. [出版地不详]：[出版者不详]，1873（清同治十二年）.

④　[清] 钟音鸿. 赣州府志：第 68 卷　兴国八议 [M]. 刻本. [出版地不详]：[出版者不详]，1873（清同治十二年）.

地入籍，而原籍赋役又无法摆脱，身负两份赋役。而远赴荆湖则因跨省而脱管，"远去则声不相闻，追关势不相及"①。同理，闽、粤移民迁入赣南也有这类考量。

尽管赣中移民进入赣南人口不多，但他们来自吉泰平原这一发达农耕区，带来了一整套先进的水稻生产方式，对赣南经济社会发展起到了积极推动作用。明中期以后，赣中移民在赣南地区取得经济优势地位后，其他外省移民与原住民愈感到生活艰困，激起反抗冲突或互相勾引为盗。而值得注意的是，后来进入江西的闽粤移民，不少人原先是赣籍身份，他们因移民垦殖或经商来到闽西、粤东、粤北等地，借由他们的引导，闽粤籍移民更能顺势流入赣南②。

（二）闽粤移民

与赣中移民具有一定的"建设性"色彩相比，闽粤移民起初来到龙南等地时却附着有更多"破坏性"意味。"有明之季，奸宄不靖，兵燹蹂躏，几无宁岁。"③ 明"洪武十五年广寇破县城"，"洪武十八年，广寇周三官、谢仕真攻破县城"④。此后整个明朝龙南一地有明确记载的较大规模流寇攻掠事件就超过 20 次。"广寇""闽寇""湖广贼""程乡（今梅州）贼""汀漳盗"等字眼充斥方志，"破县城""攻破邑城""围攻邑境"等词也是频频出现。可见闽粤流民、流寇在龙南流移活动之频繁、聚众之浩大。

据时人何乔新记载："皇帝（弘治）即位之七年（1494），汀、赣奸民合为寇。其始甚微，萑苻狗鼠之盗耳。郡县有司无远略，不急捕其势

① ［清］钟音鸿．赣州府志：第 68 卷　兴国八议［M］．刻本．［出版地不详］：［出版者不详］，1873（清同治十二年）．
② 唐立宗．在"盗区"与"政区"之间［M］．台北：台湾大学出版中心，2002：176．
③ ［清］王所举，石家绍．龙南县志：序十［M］．刻本．［出版地不详］：［出版者不详］，1876（清光绪二年）．
④ ［清］王所举，石家绍．龙南县志：第 3 卷　政事志·赋役［M］．刻本．［出版地不详］：［出版者不详］，1876（清光绪二年）．

寝炽，而岭南、湖湘之不逞者从而和之，四出剽掠劫富室，燔民居，掠币藏，杀官吏，哄然为东南郡县患。有司始骇而图之，备其东则发于西，剿其南则窜于北。"①

可以看出，流寇引发的动乱不仅是龙南一地，而是整个赣、闽、粤相邻地区都深陷其中，形势严峻，且"备其东则发于西，剿其南则窜于北"，治理难度大。

有鉴于此，弘治八年明政府不得不打破既有行政区划，设立联通赣、闽、粤、湘四省的边区联防联治部门，南赣巡抚应运而生。据雍正《江西通志》记载："（弘治）八年夏四月，始设南赣巡抚。……弘治甲寅（1494），汀、漳寇起，岭南、湖湘不逞者四出剽掠，为东南患。于是，镇守江西太监邓原、巡按御史张缙暨藩臬臣议设巡抚宪臣，开府于赣，以统制之。制下，因推广东左布政金泽迁都察院右副都御史，俾江西，兼督闽广湖湘。其所辖则江西之南安、赣州、建昌，福建之汀州，广东之潮州、惠州，湖广之郴州，四省三司皆听节制，赐以玺书许以便宜行事……副都御史金泽总制江西，莅任七年，始得代去，寻以事宁，裁去南赣巡抚。"②

弘治末年，通过武力镇压和流民安插，局部流寇得到控制，危机暂时缓解，金泽离任后南赣巡抚第一次被裁撤。实际上，当时的流寇并未得到彻底治理，很快赣南一带社会动乱再次爆发，并迅速波及闽西、粤东北、粤东、湘南等地。流寇运动的规模也日益壮大，如正德年间，聚集在龙南县与广东惠州府龙川县交界处的"浰头贼"池仲容等，"始则占耕民田，后遂攻打郡县"③，以及上犹县横水、桶冈等地的"畲贼"、安远县黄乡堡的"叶芳贼巢"等流寇团体人口规模多以千计，多则数

①　［明］何乔新等. 椒邱文集：第13卷　新建巡抚院记［M］. 上海：上海古籍出版社，1991.

②　［清］陶成. 雍正江西通志：第32卷　武事四［M］. 刻本. ［出版地不详］：［出版者不详］，1848（清道光二十八年）.

③　［明］王守仁. 王阳明全集［M］. 上海：上海古籍出版社，2011.

万人①。

需要特别强调的是，此中"贼寇"并不是到处流窜、以劫掠四方为生的火光大盗，而更多的是跟随流寇抢占田地以耕种为生的流民。如弘治年间被南赣巡抚金泽安插于上犹横水、桶冈一带的广东流民，"不过砍山耕活，年深日久，生长日繁，羽翼渐多"②。正德十三年（1518），王阳明征剿"浰头贼"时，俘获贼属近九百名口，夺获牛、马一百二十多匹，器械、"赃仗"一千八百多件把③。可以看出，这些"流寇"实际上属于携带家属亲眷、牲畜和农具流离原乡前来耕种的流民。这么来看，闽粤流民的身上少了一丝血腥跋扈的骁勇，多了几分乱世之下艰难求生的无奈。

南赣巡抚被裁撤的第二年即正德元年，面对寇乱再起，巡抚御史藏凤提议复设南赣巡抚，他指出："南赣二府接连三省，流贼出没，东西地方不相统摄，文移约会，动淹旬月，以致贼多散逸，事难就绪，宜命都御史兼制四省接境府州，随宜调度，则盗可息，诏可施行。"④

明正德五年（1510）南赣巡抚得以复设。后世常道的南赣巡抚就是正德五年复设并延续至康熙年间才最终裁撤的南赣巡抚。

南赣称虔镇，在四省（指江西、福建、广东、湖广四省）万山之中。辖府九，汀（州）、漳（州）、惠（州）、潮（州）、南（雄）、韶（州）、南（安）、赣（州）、吉（安）；州一，郴（州）；县六十五，即诸郡之邑也。卫七，赣州、潮州、碣石、惠州、汀州、漳州、镇江。卫所官一百六十四员，军二万八千七百余名。寨隘二百五十六处。专防山洞之贼寇也。正（德）、嘉（靖）之间，时作不靖。⑤

此时的南赣巡抚辖 9 府 1 州 65 县佣兵 28700 余。正德十一

① ［明］陈子龙. 明经世文编：1—6［M］. 北京：中华书局，1962.
② ［明］王守仁. 王文成全书：第 10 卷［M］. 上海：上海古籍出版社，1993.
③ ［明］王守仁. 王文成全书：第 10 卷［M］. 上海：上海古籍出版社，1993.
④ ［清］陈观酉. 赣州府志［M］. 南昌：江西人民出版社，1848.
⑤ ［明］王士性.《五岳游草 广志绎》新校本［M］. 周振鹤，点校. 上海：上海人民出版社，2019.

年（1516）九月，朝廷授王阳明为都察院左佥都御史，巡抚南赣。正德十二年（1517）正月，王阳明开赴赣州，仅用一年多时间就以武力平息了赣闽粤边的"漳寇""畲寇""浰寇"等几个重要动乱势力。

王阳明在平定龙南下"浰贼"之后，由于流民数量众多，难以大量遣返，只好就地安插、寄置，"于是新民江月照、谢允樟等率其部落数千人携家口出，自上蒙、大龙等处寄置"①。这部分人由此定居落籍，谓之"新民"。随着新民的安置，人口不断增多，为加强管理，王阳明奏请在赣南的南安府、闽西的漳州府、粤北的惠州府分别添设了崇义县、平和县、和平县。万历四年（1576）都御史江一麟镇压安远黄乡叶楷之乱后添设长宁县（今寻乌县），隆庆三年（1569）都御史吴百朋讨平"三巢贼乱"后添设定南县。新县的设置，新民的安插，让闽粤流民逐渐安定下来。

平乱之后，王阳明在龙南等地开始了他的心学思想的社会治理实践，提出了"破山中贼易、破心中贼难"等思想。通过推行"十家牌"法，强制民众相互监督，连坐互保，以准军事化的手段来加强管理，控制人口流动，强化基层社会治理。在龙南期间，他还先后发布了《谕俗文四章》《谕龙南乡约一章》《告谕龙南一章》，在赣州颁布了《南赣乡约》等民风教化文告。通过礼乐教化对基层民众思想进行安抚。"十家牌"法和乡约的实行既加强了政府对流民的控制，又变相地承认了流民的合法身份，对于稳定流民，减少流寇，促进地方安定起到了积极作用。王阳明结束任期之后，南赣巡抚的继任者们大多还是继续沿用这种保甲和乡约的方式来进行社会治理，社会趋于安定。

明嘉靖年间，政府实施赋税徭役制度改革，推行"一条鞭法"清丈土地，合并赋役，均平赋税，将部分丁役负担摊入田亩，有效遏制了豪强土地兼并，由赋役问题产生的阶级矛盾暂时得到缓解，农业生产得到

---

① ［清］祝天寿，张映云. 定南县志：第 1 卷　纪事［M］. 刻本. ［出版地不详］：［出版者不详］，［出版年不详］.

发展。万历至天启年间，尽管小股的流民运动并未完全中止，但总体上已经大为缓和。在此期间，先期迁入赣南的闽粤流民成为锚点，牵引着更多有血缘或地缘关系的闽粤人口持续迁入。"承平之时，家给人足，闽广及各府之人视为乐土，绳绳相引，侨居此地。土人为士为民，而农者、牙侩者、衙胥者皆客籍"，"闽广侨居者思应之"①，进入赣南的闽粤移民人口也随之进一步增加。

明代迁入龙南的闽粤人口，大量是以流民、流寇的身份迁移而来，此后又借由官方的招抚、安插等特殊的入籍方式而至，最终在龙南定居并持续吸引更多闽粤人口迁入，由此明代闽粤移民成了龙南外来人口入迁历史上占比最高的组成部分。尽管明代闽粤流民迁入龙南的过程中充斥着动乱和暴力，但持续的流民迁入同样使得龙南人口渐多，一改明初荒芜景象，逐渐变得生机勃勃。与此同时，闽粤流民带来了他们熟悉的山地开垦模式和蓝靛、苎麻等山区作物，成为山区开发的主力，由此开启了赣南山区开发的序幕，对龙南此后的经济社会发展起到了十分重要的推动作用。

七、清朝时期

明清之交，社会动荡不安，南明抗清遭武装镇压，战乱频仍之际，地方贼寇趁乱起事。《龙南县志》记载："国朝顺治三年丙戌秋七月，定南贼首余万吉统贼万余大掠邑境……杀掠无算。""四年丁亥春，黄沙刘耀中反。""是年秋，南埠叶南芝奉明滋阳王子为王，通广寇寇部，横肆劫掠。""五年戊子夏五月，江西守将金声桓、王德仁反，移兵围赣。闽粤诸不轨俱起而应之，各县被杀掠者无算。"②

---

① ［清］宁都直隶州志［M］. 刻本. ［出版地不详］：［出版者不详］，1824（清道光四年）.

② ［清］王所举，石家绍. 龙南县志：第3卷 政事志·戢寇［M］. 刻本. ［出版地不详］：［出版者不详］，1876（清光绪二年）.

顺治前期三年时间里，仅龙南一地就有四次大乱，整个赣南社会动荡之情形可想而知。动乱导致人口大量逃亡，土地再次荒芜，所谓"赣南自围困以来，广逆叠犯……死亡过半，赤地千里"①。

顺治六年（1649），战事渐息，清政府开始着手恢复社会经济，颁布招垦令，对各地无主荒田"开垦耕种，永准为业"②，"赣州、南安二府所属县分奉圣旨招徕逃亡民人开垦耕种至陆年后，方议征收钱粮"③，以期恢复社会经济。然而，康熙十二年（1673），"三藩之乱"战祸再起，待战火平息之后，康熙二十九年（1690），清政府继续大规模招垦，土地不论有主无主，"流寓之人愿在居住垦荒者，将地亩永为世业"④。

龙南等赣南南部山区招来垦荒的流民绝大多数为闽粤之人。明代中期以来，临近龙南的闽粤地区地狭人稠，人满为患。河源，"闽东人稠地窄，米谷不敷"⑤；兴宁，"而粤又地狭隘，人众多"⑥；上杭，"杭邑田少山多，民人稠密"⑦。此外，清初为孤立与瓦解东南沿海以郑成功为首的抗清力量，颁布实施迁海令，强令福建、广东等沿海地区居民内迁，使得人民生计断绝，流离失所，迫使闽粤流民向西部的赣南等地迁徙。清初国内市场对商品性农产品需求巨大，赣南地区的山地的开发也是吸引闽粤移民迁入的另一个重要因素。

清朝初期政府推行丁税改革，至康熙五十一年（1712），"人口虽增，地亩并未加广"，清政府"令直省督抚将现今钱粮册内有名丁数勿增勿

① 黄志繁. 地域社会变革与租佃关系——以16—18世纪赣南山区为中心［J］. 中国社会科学，2003（6）：189－199.
② 清实录［M］. 清乾隆至光绪年内府朱格精抄本影印. 北京：中华书局，1986.
③ 黄志繁. 地域社会变革与租佃关系——以16—18世纪赣南山区为中心［J］. 中国社会科学，2003（6）：189－199.
④ ［清］托津. 钦定大清会典事例：嘉庆朝　第166卷［M］. 台北：文海出版社有限公司，1992.
⑤ ［清］. 乾隆河源县志：农功劳［M］. ［出版地不详］：［出版者不详］，［出版年不详］.
⑥ 曹树基. 明清时期的流民和赣南山区的开发［J］. 中国农史，1985（4）：22.
⑦ ［清］. 赵成修、赵宁静. 乾隆上杭县志：第12卷［M］. ［出版地不详］：［出版者不详］，1753（清乾隆十八年）.

减，永为定额，其自后所生人丁，不必征收钱粮"①。雍正二年（1724）又进一步实行"摊丁入亩"制度，将历代相沿的丁银并入田赋征收。这一制度的实行，减轻了无地、少地农民的经济负担，促进了人口增长。劳动者有了较大的人身自由，有利于社会经济的发展，赋税规则的简化减少了官府任意加税的可能。

"滋生人丁永不加赋""摊丁入亩地丁合一"极大地缓解了赋役对生产力发展的限制。就是在这样一个历史环境下，闽粤流民入迁出现高潮，移民人口数量众多，动辄数万。"深山荒谷，则闽侨居，蛮蛋之习，有时而染"②，"闽粤之能种山者，挈眷而来，自食其力"③。

大批闽粤流民的迁入使龙南人口显著增多。康熙年间，龙南"按籍丁口有三千八十有奇，不丁不籍者，奚啻十蓰（何止 50 倍），地少而人多，养将赖焉"④，流民竟是原住民的五十倍之多（笔者按：奚啻十蓰，数字不足为据，但足见流民数量之多，影响之大）。定南"邑中异籍者田连阡陌，而丁仅一二，土著田未及半"⑤。龙南也因入垦者渐多，至乾隆年间，虽"野无隙地，而践土茹毛者且十倍于昔"⑥。定南县因"广东异籍穷民来此垦种，异籍环处，日渐繁剧，今非昔比"⑦。至清中期整个赣南已变得人烟稠密，户口日盛，如宁都州"四关居民数万户，丁口十万计"。偏僻的长宁县，至光绪年间"户口日稠""无地不垦，无山不种"。

闽粤移民把大量沿海地区的经济作物与成熟的耕种技术带到赣南，移民运动也第一次出现了经济利益驱动、商品经济发展的色彩。山地开

①　清实录［M］. 清乾隆至光绪年内府朱格精抄本影印. 北京：中华书局，1986.

②　［清］陈观酉. 赣州府志：第 2 卷　风土引康熙志［M］. 南昌：江西人民出版社，1848.

③　［清］陈观酉. 赣州府志：第 17 卷　户口［M］. 南昌：江西人民出版社，1848.

④　［清］王所举，石家绍. 龙南县志：第 4 卷　食货［M］. 刻本. ［出版地不详］：［出版者不详］，1826（清道光六年）.

⑤　［清］王所举，石家绍. 龙南县志：第 5 卷　户口［M］. 刻本. ［出版地不详］：［出版者不详］，1826（清道光六年）.

⑥　［清］王所举，石家绍. 龙南县志：第 3 卷　政事志·赋役［M］. 刻本. ［出版地不详］：［出版者不详］，1826（清道光六年）.

⑦　［清］陈观酉. 赣州府志：第 73 卷　国朝文［M］. 南昌：江西人民出版社，1848.

发和山区农业经济获得大力发展，给当地经济发展带来了深远的影响，赣南开始出现人地关系紧张情况。清嘉庆、道光以后，赣南山区的人口已经接近饱和，接纳外来移民的能力已经迅速萎缩。加之下南洋之风开始盛行，闽粤地区客家人将视野投向了海外，开启了另一段漂洋过海的移民奋斗史。尽管此后赣闽粤相邻地区又历经太平天国运动以及帝国主义入侵等，但大量接纳移民的条件已不再具备，大规模人口迁入的情况再也没有发生。

总之，明清两代迁入龙南的不同移民族群以闽粤籍为主，兼有赣中移民，明清是历史上迁入龙南氏族数量最多的时期，且人口占据大多数。从客家民系发展形成的角度来看，唐、宋、元三代在龙南的久居的"老客"很有可能因为时代久远、历经动乱、人口基数低，原有的语言和风俗习惯都逐渐被明清两代从闽粤迁入的"新客"同化了。

龙南人口的迁入是一段跨越多个朝代、持续数个世纪的历史进程，每一次流离失所都有生存的无奈和时代的艰辛，每一段背井离乡又是为了心中的向往和远方的安宁。龙南客家人从历史长河中走来，他们走过了一次跨越山川、踏平荆棘的时空旅程，铸就了一部坚忍不拔、奋勇前行的精神史诗。

如今，当我们回望客家先民那些筚路蓝缕、颠沛流离的迁徙岁月，我们不仅看到了一个族群夹缝求存的艰辛发展历程，更加见证了一个民系求存、求真、图强的奋斗精神。龙南客家人的历史告诉我们，无论环境如何变迁，只要坚守着自身的文化根脉，同时勇于开放和创新，就能在变化莫测的世界中找到属于自己的立足之地。

客家不仅仅是一个群体称谓，更是一种文化象征，历经千辛万苦的迁徙，诉说着一段悲壮而又伟大的历史。

龙南成长记

　　城市，是"城"与"市"的结合。一般兵家必争之地，垒石砌墙，便形成了"城"；江湖通衢交会之所，商贾云集，便有了"市"。筑城郭以御敌，通河渠以泄洪，城市为其居民营造出安全之感。世事更替，自然演变。在漫漫历史长河中，随着人类文明的进化和城市的快速发展，一座座古城演绎出一幕幕悲欢离合、一场场兴衰成败。

　　司马光说："若问古今兴废事，请君只看洛阳城。"一个洛阳，可以道尽天下兴衰史。河洛是客家人的根，但始终远了一点，也高大上了一点，聊聊我们自己的龙南城更接地气些。

龙南古城内黄道生老街

每当走进龙南老城区，踏过下豆行的石板路，凝视下西门的古城墙，遇见下南门的古城门，都会感觉时光凝固，历史浮现在眼前。墙垛上的野草和墙砖上的青苔，伴着陈旧的老屋和斑驳的古城墙，仿佛在诉说着这座千年古城的兴衰变迁。

爱一座城，如爱一个人，你想了解她的前世今生，你想知道她的历史过往，你愿欣赏她现在的美。

今天，让我们翻开历史，看看龙南城的前世今生。

一、龙南古城墙的沿革和变迁

龙南于南唐保大十一年（953）建县，因县城位于百丈龙滩和龙头山之南而得名。建县伊始，恰逢乱世，国祚短促，政局动荡。彼时龙南县城仅是个简易开敞的圩场，并无城郭庇护，在纷繁动荡中度过了两百余年，南宋时，举国经济重心南移，龙南社会渐入安定，时运日盛。自隆兴元年（1163）筑土为城，城垣初见。从此龙南城墙屡建、屡毁又屡次

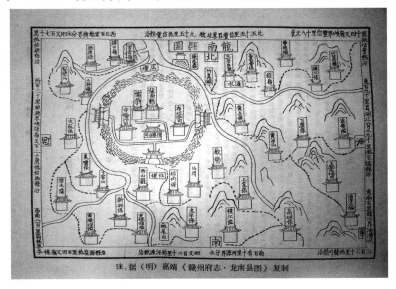

注：据（明）嘉靖《赣州府志·龙南县图》复制

明嘉靖时期龙南县图

复修复建。在悠远的历史长河中，城墙经历朝代更迭、兵事民变、自然灾害，与志书、演义上写的城池一样，或被攻破、或有倒塌、或易新主。城墙和龙南一起历经世事变迁，在变迁中成长，在变迁中壮大，见证沧海桑田。

1. 宋隆兴元年（1163），县令段秀实征民工筑土为城，城高 1 丈，周长 350 丈。东北滨河，西南浚濠，濠长 420 丈，阔 1 丈，深半之。东、西、南、北各建一门。①

2. 明洪武十五年（1382），广东的民变攻破了县城，城池被毁。

3. 明洪武十八年（1385），广东的周三官、谢仕真民变攻破县城，次年平定。

4. 明正统十四年（1449），湖广的蔡妙光民变攻破县城，后平定。

5. 明成化元年（1465），民变攻掠县治。知县谢泽征百姓烧青砖筑城墙，城墙高 1.5 丈，厚 1.2 丈，长 420 丈。同时建可射箭和瞭望的垛墙 750 个，在东、南、西、北四个方位各建城楼 1 座。旧塞北门城楼称"望江楼"。龙南城池的砖墙始于此时。

6. 明成化二十三年（1487），本地石门杨九龙纠合福建武平刘昂的民变入城大掠。

7. 明弘治元年（1488），福建的民变攻破了县城，后来县税课司郭莘组织修复。另加建铺舍和石闸增加防御。

8. 明正德七年（1512），本地徐允富起事发生民变，赣州府通判徐珪增筑城垣，城墙在原基础上增高了四分之一。

9. 明正德九年（1514），东门楼倒塌。知县李聪重建。不久南门也焚于火灾。

10. 明正德十三年（1518），春雨中城墙倒塌 20 余丈。都御史王守仁、赣州知府邢珣布置县推官危寿组织重修。

---

① 笔者按：宋代的 1 丈约现在的 3 米，城高 3 米，周长约 1050 米，规模大约等同现在的龙翔广场，这是龙南城最初的样子。

11. 明嘉靖三年（1524），县主簿苏珪再修。

12. 明嘉靖九年（1530），春夏雨季，城墙倒塌过半。同年六月局部修复。①

13. 明嘉靖十年（1531），都御史陶谐命赣州同知伍佐修复，之后城墙仍在持续残损倒塌。

14. 明万历三年（1575），知县王继孝重加修治，城墙加长加高加厚，周长有四里又二百武（约今 2440 米），城墙加高加三尺。并起名东门为朝阳门，南门为来薰门，西门为镇安门（旧名敌楼）。北为县治所在。对护城河和石闸也进行了强化。

15. 明崇祯九年（1636），都御史潘曾纮巡抚南赣，命署县谭心学拓宽城池，扩城垣近千

城墙铭文砖

丈、围六百余、高二丈有奇，垛墙由原来的 750 个增为 989 个，并建城门 6 座，东称拱翠门，东北称朝阳门，南称昭华门，正南称向明门，西称上西门，西北称镇安门。望江楼因宽城拆毁。其时绅士许明佐、钟应问倡众任理，生员王道隆、谢赐礼捐助银各二百二十两，耆民谢赐福、胡嘉恩乐输银各一百两。南赣巡抚给匾旌奖。其余生员谢赐廪、谢赐冠，义民徐先万、余熊等量力助筑，多寡不一。

16. 明崇祯十三年（1640），知县卓震组织增高城垣，比旧城墙加高四分之一，6 座城楼也同时加高。

17. 清顺治三年（1646），因地方有民变，知县吕应夏组织疏浚城濠，于昭华门外右濠浚深五尺，广四之，横过一百数十丈直达西河。

18. 清顺治五年（1648），广东的民变攻破县城，盘踞县城 6 个多月，6 座城门楼俱毁。

---

① 笔者按：现下西门、下南门城台仍有大量铭文青砖，砖上阴刻"嘉靖九年六月龙南县城砖记"等文字。

19. 清顺治七年（1650），知县贾程谊修葺6座城门。

20. 清康熙四十三年（1704），大水，城塌，南门楼橹倾，知县郑世逢复修。

21. 清康熙五十九年（1720），大水，城多圮。知县徐上复修。上西门更名西成门；北门仍塞，将护龙台更名镇龙台。

22. 民国元年（1912），2月，废除县衙署，改设县公署。

23. 民国十一年（1922），5月，北伐军右路军纵队攻克龙南，原驻军陈光远部溃逃。8月，北伐军撤离。北洋军省防第十二师步兵第二十三旅高凤桂部约1连兵力进驻龙南，后北洋军河南陆军、滇军等先后驻防。

24. 民国十五年（1926），9月，国民革命军第二军第五师攻克龙南，北洋军溃逃。

25. 民国二十一年（1932），7月，南雄水口战役后的红军分散整顿，红一军团撤至信丰、龙南休整。红四军第十一师从信丰崇仙、江口及虔南（今全南）社迳、陂头、龙下向龙南进发。16日，红军先遣队经桃江锁口、水西，通过石路桥，分别从下西门、下东门进城。遇国民党民团阻击，47名红军战士伤亡，击毙民团23人，俘百余人，于上午九时攻克龙南县城。红四军第十一师在县城、水西、渡江、程龙、临江、南亨、里仁、杨坊等地驻防休整，为时10天。7月26日，红军根据上级指示，撤离龙南。8月，国民党军复驻龙南县城，粤军第二军军长香翰屏拆城东内墙，辟为城基马路（即后来的中山街），县内豪绅改"启文门"为"翰屏门"，后改"中山门"。

26. 民国三十四年（1945），6月14日，日军侵入龙南。6月28日，日军撤离龙南。当年夏，洪水淹没全城，滨河地带房屋财产损失严重。

27. 1949年8月19日晚，中国人民解放军第四野战军第四十八军一四三师四二九团解放龙南。

二、留住城市的"脉"，就留住城市的"魂"

从1958年开始，同全国许多地方一样，龙南的城墙受到拆除，陆续拆除中山门至下西门的一段城墙，仅留下龙南师范学校后面的一小段。"文革"期间，改"中山门"为"红卫门"，不久也被拆除。到了1977年，桃江桥头至原林垦局一段城墙辟成公路。1980年，桃江桥头至西门城墙建成居民住宅。

历经五百多年的风雨沧桑，龙南古城墙虽斑驳老旧却古朴厚重。所幸，社会各界对于古城保护的自觉愈加强烈，历史文化街区和历史文化名城的创建提上了议事日程，城墙修复得到推进，除重新兴建外，原有城墙也得到相应保护和保留，古城墙还将陪伴大家更多时光。

龙南城墙新貌

如今，龙南古城楼保留一处，即下南门城楼。保留古城门三处，即下南门（向明门）、下西门和下豆行门（朝阳门），以及城墙若干。

（一）下南门城楼（含城门）

下南门城楼（又名向明门）建于明崇祯九年（1636），于清顺治五年（1648）毁于战乱，清顺治七年（1650）重建，是龙南唯一保存完好的具有明代穿梁木架构的二层城楼。下南门城楼占地116平方米，建筑面积274.24平方米。分下部城台及上部城楼，拱形城门，内空高约4米，宽2米余，城墙高8米，进深7米。城墙上建造木结构城楼高约8米，歇山重檐屋顶，四角飞檐翘起，中部架空亭阁。2014年，文物部门会同当地居委会进行了局部修复，2022年文物部门筹资进行了全面修复。2020年，赣州市人民政府将其公布为第三批市级文物保护单位。

龙南下南门城楼

（二）下西门

下西门即镇安门，位于古县城的西北方位。拱形城门，门洞保存完好，墙体斑驳，无墙砖脱落。

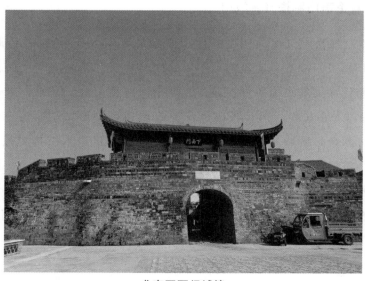

龙南下西门城墙

（三）下豆行门（朝阳门）

下豆行门即朝阳门，位于古县城的东北方位。拱形城门，比下南门、下西门略小。门洞临渥江，保存完好。

龙南下豆行城门

（四）古城墙

古城墙遗址大约有三段：一是桃江桥头至下西门城墙，长约 195 米，城墙上为居民住宅；二是桃江桥头至原林业局段，城墙约 125 米，已辟为公路，路边遗存较多明清墙砖；三是下豆行走到尽头，保留有 50 多米的古城墙，城墙上建有民居。

古城楼和古城墙作为一座城市的重要历史标志和实物载体，真实地记录了历史的变迁和城市的演进，是城市古建筑和历史文化的重要组成部分，是我们城市的"脉"。

它们跨越数百年的时空，经历无数的风吹雨打与刀光剑影，留存了下来，都是珍贵的文物。它们见证了这座城市的成长，留住它们才留住了城市的"魂"。

　　时光荏苒，四季轮回，寂寥的古城终于迎来了合适的时机和有缘的知音，历史文化名城的铭牌，世界客属恳亲大会的盛况，对老城人居环境的整治，让古城焕发出新的活力，在太平盛世、惠风和畅的新时代，展现魅力城市的风采。

　　古城变迁，当可鉴今日。

龙南历代进士考

行走在赣南的村落与乡陌，在祠堂与围门前，总有几方石柱会吸引人的眼球，是的，那就是功名石，也叫旗杆夹，是客家人"耕读传家"图腾中"读"的勋章。当然，悬挂在祠堂上的"进士"匾额亦能彰显宗族的荣光，那是千年的追求，是那个年代的"内啡肽"。

祖孙进士匾（桃江曾屋围）

在中国古代，科举制取代门阀制度后，出身社会下层的读书人有了参与政治的尝试，有了改变命运的机会。

清光绪三十一年（1905），行用了近1300年的科举制戛然而止。留在历史上的110000名进士成了绝唱，他们的名字也留在了族谱、祠堂、志书和博物馆里。

龙南，因地处赣粤边际，在历史长河中，因开发程度、社会治安、人口数量等因素影响，科举之事虽不及吉州、临川之盛，但正如《龙南县志》（光绪二年）所述，"虽在僻壤，亦征蔚起。龙南山高谷深，奇杰秀拔之胜钟兹人才"。从宋代至清，科第不断，清代尤为突出，连出解元。

这里主要谈论的对象为科考进士，之所以需要强调这一点，是因为在地方史，特别是姓氏族谱上提到的部分"进士"有比较大的区别，比如，例进士、岁进士、恩进士、明经进士、明通进士与及第（登第）有本质上的区别。

明清时期，一些人将国子监贡生统称为"明经进士"。此外，国子监的学生中有岁贡生、恩贡生，他们因与举人、进士一样被称为正途出身，所以在社会上地位较高。亲戚朋友为了恭维他们，便以"进士"相称呼，有些人在家祠中堂上悬挂进士匾，为不悖礼制，故加上"岁""例""恩"等字。简而言之，岁进士即岁贡生，恩进士即恩贡生之意。

龙南历史上目前可多方查证的科考进士、举人，分别是 23 人、68人，现试将进士有关情况梳理如下。

一、宋

唐国忠，新兴堡人，北宋嘉祐八年（1063）进士，历官国子监祭酒。

钟仙，字少游，改字公绪。象塘堡人，元丰五年壬戌（1082）进士。唐中书令越国公绍京之后。六世祖自兴国迁邑象塘家焉。仙颖异，八岁能属文。弱冠登元丰壬戌进士。补韶州司理参军，转瀛州防御推官，复知浔州。建学造士，学者多自远方至。经略使熊伯通以国士遇之。丁忧归。服除，补苏州。富家有强争民田者，讼久不决。钟仙至即决之。张子厚在丹阳语人曰："能断此田，可知其为政矣。"① 改知广州军节度推官，寻知阳山，考课为天下第一，号为霹雳手。自广移节成都，陛辞。时安化蛮叛，以仙谙练边事，除广西计度转运使。乘传之官，与军师筹划，奏罢滇州及延德军。未几进师，蛮解围求降，边圉以安。进龙图阁学士兼本路安抚管勾经略使。以疾革丐致仕。仙天性笃孝。父殁，蹩踊

---

① ［清］王所举，石家绍. 龙南县志：第 6 卷　选举·仕籍［M］. 刻本. ［出版地不详］：［出版者不详］，1876（清光绪二年）.

哀痛。有群乌集墓助之哀鸣，人遂名其居为"感乌里"。博学广记，贯经通史，天文、地理、阴阳、小说，皆探索其妙。为人疏通乐易，喜推毂后进。有《文集》十五卷、《奏议》三卷。按：《省志》，仙曾宜州通判。

缪瑜，字珍叟，大龙堡，淳熙十四年（1187）进士。进贤县知县。

二、元

缺。

三、明

钟芳，字仲实，象塘堡人，正德三年（1508）榜二甲三名进士，累官户部侍郎。（《明代江西进士考证》载："黄芳，复姓钟，字仲实，赣州府龙南县人，广东崖州所军籍，正德三年榜二甲三名，累官户部侍郎。"光绪二年《龙南县志》载："芳远祖柔任广东雷州学正。裔铠从宦，客游万州，遂家焉。因兵乱，徙居崖州。至芳父明，育于黄氏。弘治十四年辛酉，芳归龙南，举于江省。"嘉靖《赣州府志》载："钟芳，仲实，始祖柔任广东雷州学正，高祖铠从宦，客游万州，遂家焉，后因兵乱徙居崖州。芳父明育于黄氏。弘治辛酉举于广东，登正德戊辰榜，历任翰林庶吉士，累官户部侍郎，陈情复姓归宗。"雍正《广东通志》载："钟芳字仲实，崖州人，改籍琼山，少育于外亲，冒姓黄，后复之。"）

钟允谦，字汝益，象塘堡人，钟芳之子，嘉靖八年（1529）榜三甲148名进士，历官莱州知府。

曾汝召，字公奭，号棠棐，又号澹园，新兴堡人，万历二十九年（1601）辛丑科第三甲第150名进士，选判科给事中，官至太常寺少卿。汝召祖父自泰和迁龙，至汝召入籍三世矣。父维勤又已崇祀龙南乡贤。

四、清

陈余芳，字静安，康熙四十八年（1709）己丑科第三甲（共239名）第137名进士，任直隶邱县知县。

王之骥，字曰皋，号牧岩，坊内堡人，康熙五十二年（1713）癸巳恩科第三甲（共143名）第4名，赐同进士出身，授内阁中书。

曾振宗，字麟公，康熙五十二年（1713）癸巳恩科第三甲（共143名）第18名，赐同进士出身，任评事，雍正二年（1724）改任直隶濬县知县，雍正十年（1732）任直隶沧州知县。

钟秀，字一峰，里仁堡人，乾隆四年（1739）己未科第三甲（共235名）第132名，赐同进士出身。乾隆七年（1742）任江西瑞州府教授。

赖宗扬，字师远，乾隆四年（1739）己未科武进士，以进士任广东守备。

廖运芳，字湘芷，坊内堡人，乾隆七年（1742）壬戌科第三甲（共230名）第163名，赐同进士出身。乾隆十八年（1753）任江苏嘉定知县，乾隆二十二年（1757）十一月改任江苏丹阳知县。

谭庄，又名谭垣，字穆亭，新兴堡人，乾隆十三年（1748）戊辰科第三甲（共189名）第63名，赐同进士出身。乾隆二十一年（1756）任福建政和知县，后调台湾凤山县，乾隆三十七年（1772）擢延平府上洋口通判，丁忧归，补河南彰德府通判。

欧阳立德，字师一，乾隆二十五年（1760）庚辰科第三甲（共110名）第69名，赐同进士出身。直隶顺天府香河县知县。

雷闻凤，字文思，乾隆二十六年（1761）辛巳恩科武进士，以进士任广东雷州府海安营守备，升广州府都司。

徐名绂，字香钰，嘉庆四年（1799）己未科第二甲（共74名）第17名，赐进士出身。选庶吉士，改户部主事，升郎中。嘉庆二十五年（1820）充会试同考官，官至陕西同州知府，道光六年（1826）署陕西潼商道。

王元梁，字步瀛，嘉庆七年（1802）壬戌科第三甲（共161名）第71名，赐同进士出身。嘉庆十八年（1813）任广东三水知县。

钟振超，字骥群，里仁堡人，嘉庆十四年（1809）己巳恩科第三甲（共138名）第15名，赐同进士出身。道光十三年（1833）任湖北蕲州知州，十五年改鹤峰知州，十七年改随州知州，十九年代理广西北流知县，后任博白知县，迁东兰州知州。

徐思庄，字孟舒，道光二年（1822）壬午恩科第三甲（共190名）第15名，赐同进士出身。选庶吉士，授检讨。道光十一年（1831）充山东乡试副考官，十五年充顺天乡试同考官，二十一年迁安徽颖州知府，改安庆知府，迁云南迤东道，二十六年授山东按察使。道光二十七年（1847），因捻军扰境罢职。

石位均，道光九年（1829）武进士，山西平阳府守备。

刘印星，字松堂，坊内堡人，道光十八年（1838）戊戌科第二甲（共82名）第47名，赐进士出身。选庶吉士，官至督粮道。

徐德周，字受泉，道光二十五年（1845）乙巳恩科第二甲（共98名）第18名，赐进士出身。选庶吉士，散馆改户部主事。

许受衡，上蒙堡人，光绪二十一年（1895）乙未科第二甲（共100名）第26名，赐进士出身。任刑部主事，官至总检察厅厅丞。民国后参与撰写《清史稿》刑法部分。

1905年，科举制被废止，许受衡成为龙南历史上最后一位科举进士。

龙南与龙

龙是中华民族传说中的鳞虫之长，为"四灵"之一，是民间祥瑞的象征，是帝王统治者的化身，是图腾崇拜的标志。

客家人在南迁的过程中，把中原崇龙的风俗带到南方，在农业文化的晴耕雨读中传承下来。

龙南，这个江西省唯一一个以龙命名的县域，与龙的缘分可见一斑。

龙南，旧《志》云："北有龙头山，县治在其南，故名。"又《江西通志》据《郡县释名》云："以县在百丈龙潭之南，故名。"《宋史·地理志》又云："取百丈龙滩之南。"

在文献记载中，常称龙南为"龙邑""龙城"。

在龙头山或百丈龙潭周边，还有龙头塔、龙王庙、龙头滩、龙头雪浪。

一、在龙南到处都能觅见"龙"的身影

如雕塑类：龙雁塔雕塑（人们习惯称之为"三条龙"）、龙兴岭南雕塑（世客城城雕）、赑屃驮碑雕塑（世客城城雕）、金龙出山雕塑（南武当山景区）、双龙迎宾石牌坊（南武当山景区）。

如路桥、广场等城市基础设施类：龙翔广场、龙桂广场、金龙大桥、龙泽居大桥、龙翔大道、龙泉大道、龙鼎大道、玉龙大道、龙岗大道、金龙大道、腾龙路、翼龙路、龙泽路、龙桂路、龙海路等。

二、在龙南的乡镇中也有"龙"

程龙镇,是龙南市脐橙产业重镇,位于龙南市西南部,政府驻地程龙圩,离龙南市区15千米,总面积126平方千米,全镇设有程龙、五一、杨梅、八一九、龙秀、盘石6个行政村,80个村民小组,2705户9605人。老圩处于桃江庙角潭南岸,五条山脉向潭边延伸,形如五龙入潭,传为沉龙之地,故名沉龙,后谐音"程龙"。

汶龙镇,位于龙南市东南部,圩镇距县城25千米,总面积84.57平方千米,全镇辖江夏、里陂、上庄、石莲、新圩、罗坝等6个行政村和1个下连社区,5672户20621人。地名来历,一说"汶岭"山高脉远蜿蜒盘旋似龙;二说因境内主要河流汶溪弯曲似龙而得名。境内文化古迹有飞龙古庙、五显庙、罗坝塔。

三、在龙南的村落中"龙"名也不少

如龙南镇的龙洲社区、龙陂社区,程龙镇的龙秀村。还有渡江镇的果龙村,谐音"过龙",此地的山脊如巨龙翻腾,像过山穿坳的长龙,因此得名。

四、龙南围屋名称中也有许多"龙"的元素

如桃江乡清源村的龙光围、南亨乡西村村的永龙围、杨村镇新陂村的青龙围、汶龙镇罗坝村的龙溪围、临塘乡东坑村的朝龙围、桃江乡中源村的福龙围、关西镇瀚岗村的兴龙围、东江乡新圳村石龙围等。

不仅如此,围屋三大类型之一的"围龙屋"更是"龙"意满满。围龙屋,有龙脉、龙脊、龙厅、龙胎、龙神、龙塘、龙井等讲究,从空中俯瞰,盘桓的屋顶恰似一只盘龙。龙南围龙屋的代表有田心围、乌石

围等。

五、龙南人民的日常生活中也离不开"龙"

舞龙是客家人对春天的一种打开方式，祈求龙之佑护，一年风调雨顺，也汲取龙之精神，和睦包容，坚毅勤勉。在条件有限的农村，朴素的客家人还会束草为龙，遍体插火香，鸣锣击鼓，沿家旋舞，驱除不祥。客家有丰富多彩的传统习俗，在龙南单单与龙相关的就有舞布龙、香火龙、板凳龙、龙舟赛等传统习俗。

龙在中国传统文化中是高贵、尊荣的象征，又是幸运与成功的标志。在客家建筑中，也有许多龙的元素，从中可以看出客家人质朴的审美观和精神追求。比如：太史第、大刘屋的卷草龙纹木刻，西昌围立孝公堂的盘龙纹样绦环板，关西新围的鱼化龙雀替，正桂大伦祖祠的龙雕门簪和鲤鱼跳龙门藻井雕花，等等。

六、龙南各类书籍中"龙"影随行

龙山，《赣州府志》作龙头山，离县治三十里，在坊内堡。下有龙湫，故名。

龙迳（河流），四水汇流，北抵龙迳。

龙迳渡，桃江乡桥渡，以前也叫龙迳口。

大龙堡，辖胃坊、水西、水东、上龙迳、下龙迳、龙州凡四十一村。①

青龙髻（地名），离县治二十五里，在坊内堡。

龙图尖（地名），离县治一百二十里，在新兴堡。

龙城书院，经始于己巳（1689）之春，落成于庚午（1690）秋。颜

---

① 笔者按：大龙堡于清光绪二十九年（1903）建虔南厅时划归全南。

门额曰"龙城书院"。

镇龙台（护龙台），在北城上。归美拱前，龙山抗后，雷峰东起，雁塔西峙，为邑巨观。清康熙二年癸卯，知县高光国建。初名护龙台，后知县马镇改为镇龙台。

龙虎观，在县南二十五里。旧名银缸庙。元天历二年己巳大旱，道人钟玉泉往程龙观迎龙虎真人祀于中，遂大雨，改其庙曰龙虎观。

龙神祠，在犁头嘴先农庙右。道光十六年丙申，知县梁之儒建并为之《记》。

青龙山，在杨村镇，位于九连山总场西南 13 千米处，因山势蜿蜒如龙、青葱苍翠得名"青龙山"。

龙神庙，杨村龙神庙，历经五百年四迁其址，新址在豹虎岭。

过龙石（地名），又三十余里历三汊滩、过龙石，至县治与濂渥水合为三江水。

送龙石（地名），北至龙村，其滩曰送龙石。

龙湫（水滩），离县治三十里，在龙头滩下。源自金盆山，出会于腰龙。二里至雷公坑口，又二里许至张公庙，逾神庙即信丰县界。

龙眼渡，在城西南八十里。

石龙窟，离县治十里，水从石罅中出。天阴云腾，大雨随至。

其实，不仅如此，"龙"在龙南人的生活中可以说是无处不在，如"立德立功立言"的王阳明，率军征三浰时征的就是号称"金龙霸王"的池仲容；古代龙南主要大宗物产——杉木，也称龙木；还有汶龙镇土陶制作技艺的龙窑、老县委大院门口的双龙盘柱、武当田心围的双龙柱……

龙南与龙，结缘千年，龙盛之地，兴旺千载。

【围　　事】

客家围屋·云上观

　　说起客家围屋，许多人脑海中大概率闪现的应该是福建土楼，毕竟这类圆形民居的造型太过于奇特，容易入脑，其次是名气太大，已成为驰名中外的客家建筑代表。

　　福建土楼能享誉世界，在笔者看来，至少两件事情是回避不了的，一则是网络上传的轶事。南靖土楼最早被世人所识是缘于一个"美丽的错误"。早在 20 世纪 60 年代，美国中央情报局通过卫星照片发现中国闽西南崇山峻岭中有数量惊人、规模庞大的类似导弹发射架的东西。1985年，美国两位学者专程来到南靖县书洋镇田螺坑土楼群考察，回美国后，写了一份报告，说明卫星所发现的只是土楼民居而不是核基地。土楼就这样阴差阳错地名扬天下，走向世界。另一件事，则是 2008 年福建土楼被列入《世界遗产名录》，从此走上发展的快车道。

　　可能是土楼曝光率比较高，以至于对客家地区、客家文化不甚了解的人会简单以为土楼就是客家民居的主要形式。其实，在客家人比较集中的赣南、闽西、粤东北地区，还有许多种客家民居形态，比如有四扇三间、六扇五间、一进两厅的普通民居，有九厅十八井的大屋，还有半圆形的围龙屋和方形围屋等。它们当中造型比较独特、最具地区代表性的建筑，简单从形态上区分的话大致有三种，即圆形土楼、半圆形的围龙屋和方形围屋，它们分别兴盛于闽西、粤东北和赣南，成为当地民居建筑的代表和地方特色名片。

　　龙南是赣南客家围屋最集中、最具代表的地方，因客家围屋数量之多、规模之大、风格之特别、保存之完好而远近闻名。2012 年，以龙南围屋为主的赣南围屋成功列入《中国世界文化遗产预备名单》；2013 年，龙南被中国民间文艺家协会授予"中国围屋之乡"称号。

赣南围屋在性质上也是聚族而居的建筑，一般由某位男性祖先规划并建成或由后代持续拓展建成，围内所居成员都是其一人血脉裔孙（嫁入媳妇除外）。

龙南的客家围屋在人们的印象中，大抵是四四方方的，是坚厚的外墙，是耸峙的炮楼，是雄俊与坚毅……在碧绿的春天，它们守护着家园，静候着田野中的家人归来；在炎热的盛夏，半月池的荷浪，拂来片片清凉；在缤纷的彩秋，忙碌的"蓝襟衫"将收获的粮食堆满层层粮仓；在明媚的冬日，暖阳下的八仙桌，古酿飘香。

习以为常的平视与仰望、近观与远眺，让我们对龙南客家围屋"数量之多、规模之大、风格之特别、保存之完好"的解读缺乏更为全面、系统的认知。所幸，航拍的普及让我们可以轻而易举地像鸟儿一样，飞上天空，在云端、在高空视角下，从平面形态上去欣赏和解读龙南大地上形态各异、多姿多彩的客家围屋。

一、方形客家围屋

方形客家围屋，是有坚固防御的设防性民居，从平面的基本元素来看，仍属"厅屋组合式民居"范畴。主要特点是聚族而居，四面合围的封闭外墙中设炮楼、枪眼等防御设施，围内设水井、粮柴库、水池等防围困设施和设备。从平面形式上分，主要可以分为实心的"国"字形围和空心的"口"字形围两种。

实心的"国"字形围，是赣南围屋的主流形式，也是赣南诸多围屋形式中数量最多、流行最广的一种围屋类型。实心部分一般由一组或多组主体民宅构成，这类围屋往往建筑体量较为庞大，占地面积小则几百平方米，大则几千至上万平方米。

空心的"口"字形围，空心部分指内部中心没有主体建筑。"口"字形围一般比"国"字形围小，占地面积一般为 400～1400 平方米。赣南围屋中，最小的和最高的都是空心"口"字形围屋。

渡江镇新大水围

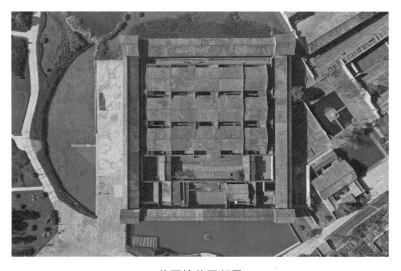

关西镇关西新围

里仁镇杨屋围

里仁镇渔仔潭围

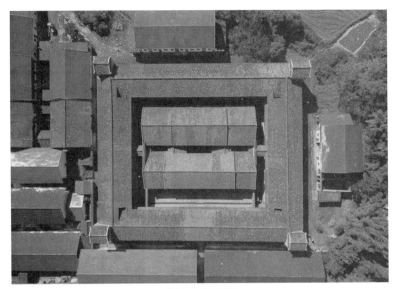

桃江乡龙光围

　　空心的"口"字形围还可以分为两种子类，一类是四角楼围屋，炮楼突出在主体外，即围屋四角独立设置炮楼，比如里仁镇沙坝围、里仁镇猫柜围等；另一类是方形围楼围屋，炮楼不单设不突出，只在主体建筑墙上设置射击孔，比如杨村镇燕兴围、杨村镇燕翼围等。

里仁镇沙坝围

里仁镇猫柜围

杨村镇燕兴围

杨村镇燕翼围

二、半圆形围龙屋式围屋

　　围龙屋式围屋，是赣南客家围屋中粤式围龙屋与赣式围屋相结合的一种类型，主要分布在龙南和寻乌两县。围龙屋式围屋在赣南围屋民居中所占比例可能不到十分之一，但时间跨度大，明代到清初的在龙南都有保存。这一类型往往是赣南现存围屋中最早的，清中期以后却绝少见。

　　平面特征上，占地面积一般都较大，前低后高，前方直后成圆弧状，大门前设有禾坪和半月形水塘。同粤式围龙屋一样，后面圆弧部分做成隆起的"化胎"，以示吉祥。围内必设水井，以抵御围困。外周至少有一条以上的围龙屋环绕，内核为赣式"祀居合一"的客家大屋，大小不一，主要有"一轴两厅"和"三轴三厅"两种形式。龙南比较典型的半圆形围龙屋式围屋主要有杨村乌镇石围、武当镇田心围、武当镇岗下围、九连山镇金盆围等。

杨村镇乌石围

武当镇田心围

武当镇岗下围

三、圆形土楼式围屋

　　赣南的圆形土楼主要散见于定南、龙南、全南、瑞金、石城等地，但绝大多数已本地化，如用土坯砖墙、体量变小或四角加构碉堡等。然而，在"三南"尚存屈指可数的几座圆土楼，颇有闽式土楼味。

　　在龙南，临塘乡的黄竹陂圆围是最接近福建土楼的圆楼。黄竹陂圆围是座平面呈圆形，在一面切去约四分之一的土楼。其切面处为五开间，正中一间为围门。围门构造如城门楼的做法，即上为悬山式门楼，下有厚实大闸门的门洞。

临塘乡黄竹陂圆围

四、不规则形围屋

一般以村围为代表。村围是其形状用很厚的城墙或较薄的围墙围合封闭的村庄，根据村内原有民居的分布形状而定，平面形状不一，有船形、蛤蟆形等各种形态。村围占地面积较大，一般的都有上万平方米。大的村围常常按官城的布局，设有东、西、南、北门，村门形式一般也都仿城门样式，门顶有炮楼和相关防卫功能设施。龙南比较有代表性的不规则形围屋和村围有里仁镇栗园围、里仁镇新屋场围、关西镇西昌围、关西镇田心围、武当镇珠院围、武当镇竹园围、临塘乡河唇围等。

里仁镇栗园围

关西镇西昌围

关西镇田心围

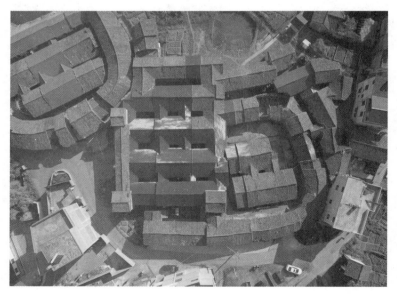

武当镇珠院围

生财有道

——明清时期龙南围屋建造的经济法则

围屋是客家民系在动荡社会环境下为保护家族生命财产安全而建造的特色民居建筑，以壁垒森严、防御功能突出为显著特点。龙南境内客家围屋数量众多、分布广泛，围屋普遍规模宏大，造价不菲。那么，建造围屋的个人或家族是如何积累了大量财富的？笔者尝试对这个问题进行解答，以期了解明清时期龙南商品经济发展情况、商业贸易发展历程，分析龙南商人的经商传统和理念。

一、地理概况与历史背景

赣南位于江西的最南端，毗邻广东、福建、湖南三省。宋人周必大在《论添驻赣州军马》一文中写道："赣之为州，南限岭表，东接闽境，西连湖湘，其北自庐陵至于豫章皆在下流，自昔最为控扼之地。"① 赣南自古以来就是中原连接岭南地区的战略交通要地，因地利之便，赣南既属于赣江市场体系，也部分从属于闽粤市场体系。龙南位于赣南的最南端，与广东接壤，地形以山地、丘陵为绝对多数，间有少量山间盆地及河谷平原（山地占 65％，丘陵占 28％，平原占 7％）。地势西南高、东北低，南部九连山脉群山连绵，西北部隆起，北部山峰屹立，形成中低

---

① ［宋］周必大. 论添驻赣州军马［M］//文忠集：第 139 卷［M］. ［出版地不详］：［出版者不详］，［出版年不详］.

山地形。全境属赣江流域，水系丰富，主要河流桃江、渥江、濂江均可通航，三江在城北汇流再向北流出县境。龙南素有"龙境多山，可耕之地十未臻一""八分山地一分田，一分水路和庄园"之说。

　　明朝中叶以来，为逃避繁重的徭役，大量编户齐民脱离里甲体制，外出逃亡，形成全国性的大规模流民运动，并一直持续到清代初期①。此时赣南、闽西、粤东北三地人口往来迁徙、频繁互动，打破了政区分割，突破高山险阻，互市贸易、互通有无、调剂余缺，繁荣了边区贸易，使得赣闽粤毗邻地区形成了相对独立的经济地理区域，推动客家民系由宋元的孕育形成走向明清的发展壮大。

　　随着人口流动的持续进行，以及地方卫所军和民兵组织的废弛，大量流民成为流寇，劫掠四方，成为赣闽粤边区一个严重的社会问题。龙南因地处赣南南部山区，远离赣州府，政府管辖能力较弱，加之临近闽西、接壤粤北、山高林密，成了闽粤移民流寇滋生聚集的场所。大小动乱不断发生，百姓生命财产安全遭受严重威胁，定居一方的客家先民不得不筑起高大坚固的围屋用于聚族自保。

　　此外，闽粤流寇中并不都是以到处流窜劫掠为生的火光大盗，而更多的是跟随流寇占耕里甲田亩为生的流民。起初，这些流民从事的生产活动还是以"占种里甲税田"② 种植水稻为主，而后生产方式愈加丰富，"搬运谷石，砍伐竹木，及种靛栽杉、烧炭锯板等项，所在有之"③。可以看出，生产的物资品类开始超出自给自足的自然经济范畴，出现了以交换为目的的商品生产模式，杉木等资源林木以及蓝靛等经济作物开始登上龙南商品经济的历史舞台。

　　流寇被平定后以"新民"身份就近安插落籍，吸引更多闽粤流民迁入。随着人口的持续增加，为加强管理，龙南周边地区先后增设了崇义

---

① 李洵. 试论明代的流民问题 [J]. 社会科学辑刊，1980（3）：13.

② 毛伯温. 弭盗疏：第 158 卷 [M]. [出版地不详]：[出版者不详]，[出版年不详].

③ ［清］周用. 乞专守官分守地方疏 [M]//康熙西江志：第 146 卷. [出版地不详]：[出版者不详]，[出版年不详].

县、和平县、长宁县（今寻乌县），隆庆三年（1569）析龙南高砂堡、下历堡、横江堡合安远三堡添设定南县。新民的安插，新县的设置，让闽粤流民逐渐安定下来。龙南等地本就耕地稀缺，闽粤流民转而进入山区，"闽粤之能种山者，挈眷而来，自食其力"①。与此同时，部分流民的身份角色也发生了转变，从以耕种为生的农民转变成为以贩售牟利的商人，他们以逐利为目标，积累资金、投入生产，同时也与江南、闽、粤等外部市场发生更加广泛而又密切的联系，让山区农业开发与商品作物种植呈现出方兴之势。

明清之际与康熙前期的社会动荡导致赣南人口逃亡，田地荒芜，地旷人稀。顺治年间的动乱使得赣南陷入极度萧条之中，"赣南自围困以来，广逆叠犯，死亡过半，赤地千里"②。战乱平息后，清政府大规模招垦，"流寓之人愿在居住垦荒者，将地亩永为世业"③。此时，临近的闽粤地区地狭人稠，人满为患。河源，"闽东人稠地窄，米谷不敷"④；兴宁，"而粤又地狭隘，人众多"⑤。加之清初迁界禁海，福建、广东沿海地区的生存空间受到压缩，大量居民内迁，向西进入赣南地区，龙南同样迎来了闽粤移民的大量涌入。康熙年间，龙南也由清初的残破发展至乾隆年间"虽野无隙地，而践土茹毛者且十倍于昔"⑥。到清中期，龙南已变得户口日盛，人烟稠密。赣南商品经济也已经非常发达，远不是经济落后、商品生产萧条的景象。

同时，福建和广东沿海地区较早受到大航海时代的影响，大量商人活跃于海上丝绸之路，贸易交流带来的经济作物品类也远比内陆地区丰富。闽粤人口大规模向赣南流动带来了烟草、甘蔗、花生等新兴的商品

---

① ［清］陈观西. 赣州府志：第17卷　户口［M］. 南昌：江西人民出版社，1848.

② 黄志繁. 地域社会变革与租佃关系——以16—18世纪赣南山区为中心［J］. 中国社会科学，2003（6）：189—199.

③ ［清］托津. 钦定大清会典事例：嘉庆朝［M］. 台北：文海出版社有限公司，1992.

④ ［清］. 乾隆河源县志：农功劳［M］. ［出版地不详］：［出版者不详］，［出版年不详］.

⑤ 曹树基. 明清时期的流民和赣南山区的开发［J］. 中国农史，1985（4）：19—40.

⑥ ［清］王所举，石家绍. 龙南县志：第3卷　政事志·赋役［M］. 刻本. ［出版地不详］：［出版者不详］，1826（清道光六年）.

作物和种植技术，极大地促进了龙南等地区山地开垦，成为推动农业、手工业的商品化生产和山区商品经济发展的重要因素。同时，在粮食产量未能实现突破的情况下，闽粤移民带来了源自南美洲的红薯、玉米等高产作物，这些作物生性耐旱，适宜丘陵、山地种植，不占用良田，同时又能与其他作物套种，提高了山地利用率，丰富了食物获取途径。"朝夕果腹多苞粟芋，或终岁不米饮，习以为常"①，红薯、玉米等成为山区耕种的客家人可靠的主食来源，为经济作物的种植提供了更多的土地空间。

　　明清两代龙南等赣南南部山区闽粤移民数量大大超过原住民，改变了人口结构，也为经济作物的种植与加工提供了大量的劳动力。由于人口的大量迁徙涌入，人口增多与耕地稀少的矛盾凸显，转而推动了山区的开发垦殖，刺激了山区经济作物的大范围种植，从根本上改变了龙南的生产格局和经济格局。部分人群通过种植、贩售经济作物，积累了大量财富。同时，不同族群之间对于生存和生产资源的激烈争夺引发了剧烈的社会动荡，具有一定财富积累的个人和家族出于聚族自保的目的，开始对居住的屋场加建围墙、增建炮楼等设施，渐渐变成有目的、有计划、有规划地建造防御功能突出的客家围屋。

　　可以说，赣、闽、粤三地客家人口的持续频繁流动为龙南的人口增长、山区开发、商品经济发展及围屋的建造起到了根本性的推动作用。移民入迁引起的社会动荡催生出家族自保的迫切需求和山区开发商品经济发展所带来的经济基础，共同推动了龙南客家围屋兴建的蓬勃风潮。

二、主营产业与物资品类

（一）木材

　　龙南森林覆盖率高，是古代江西重要的木材生产基地之一，而龙南

---

① ［清］陈观酉. 赣州府志［M］. 南昌：江西人民出版社，1848.

贩卖的木材中以杉树最为常见。龙南的杉木质地良好，被称为"龙木"，龙南也有"龙木之乡"的美誉。

杉，常绿乔木，冠塔状，叶长披针形，果实球形。"杉质坚好而光泽，初植者其长较速，至伐去留根，复生曰次发、三发，加以修铲，亦可成材。邑山多种植繁盛。"[①] 杉木木色白或淡黄，木纹平直，结构细致，易加工，能耐朽，受白蚁的危害较少，可供建筑、桥梁、造纸、造船等用。杉木用途广泛，商品属性突出。木材是龙南明清时期对外贸易最重要的品类，而杉木是龙南最普遍、贩售时间最早、持续时间最长、影响最深远的商品品类。"明清时代，江西各府县多出产木材，而其中尤以南安、赣州二府为最。"

"乡人出厚资贩运江南，岁获倍息，春月沿江遍岸，排比联属，邑之利赖以此为最。"[②]《赣文化通典（宋明经济卷）》中也指出："省内经营木材的商人主要为临清帮（临江府清江县，今樟树市）、龙南帮和洪都帮（南昌）。"可见龙南木材贸易之繁盛，在整个江西木材贸易中都占有举足轻重的地位。

关西新围的徐名均、乌石围的赖景星、龙光围的谭德兴、曾屋围的曾省斋等一大批围屋建造者都是以木材生意为主业，从而积累大量财富，建起规模宏大的围屋。此外，里仁镇濂江河边的沙坝围，渡江镇桃江岸边新大水围、马头岭下围的建造者，等等，都与木材贸易有直接关系。可以说，木材生意是明清时期龙南财富积累最多、影响范围最广、持续时间最长的经营行业，也是龙南围屋兴起最主要的经济来源。

（二）粮食

在明代，赣南即成为重要粮食出产地。明代赣南地旷人稀，"其地膏

---

① ［清］王所举，石家绍. 龙南县志：第 2 卷　地理志·物产［M］. 刻本.［出版地不详］：［出版者不详］，1876（清光绪二年）.

② ［清］王所举，石家绍. 龙南县志：第 2 卷　地理志·物产［M］. 刻本.［出版地不详］：［出版者不详］，1826（清道光六年）.

腴极千里，会其里籍户口之数，不及吉之一巨邑。然而数泽之钟，栋隆之备，米盐之利，皆足以下给诸郡"，而"赣亡他产，颇饶稻谷，自豫章吴会咸取焉，两关转谷之舟，日络绎不绝，即俭岁亦槽声相闻"。清代赣南继续了这一趋势，赣南粮食大部分供应广东、福建。如与赣南临近的福建汀州府，"山多田少，产谷不敷民食，江右人肩挑背负以米易盐，汀民赖以济"。广东潮州、嘉应州等地的粮食也得从赣南调入。

龙南因山多田少，"所出之谷，仅足支一岁之食，歉则望信丰以下之籴，丰亦虞粤东诸邑之运搬"①，粮食产量仅勉强自足。但渡江、桃江、关西、里仁等龙南主要的粮食产区仍有余粮用于交易，以肩挑马驮交易临邑。"赣粮粤卖、粤盐赣销"，龙南的粮食尽管因产量所限不能以大宗商品的形式大量外卖，但粮食的交易一直活跃于龙南各地及赣粤山区，并且粮食的互销同时也带动了其他经济作物的互通有无、调剂余缺，促进了区域间的市场贸易往来。

此外，龙南双季稻的种植时间较晚，晚稻在明代末年开始出现，清代早期得到普及。值得注意的是，晚稻的广泛种植还与另一种经济作物——烟草的大量种植密切相关，下文将进行阐述。

（三）蓝靛

蓝靛又称板蓝，是赣南地区种植最早的经济作物。明朝成化年间就由闽西流民带进赣中，而后传入赣南。明朝中后期，随着江南等地棉麻纺织品的大量生产，对染料的需求急剧增加，蓝靛种植也随着闽粤移民的到来，在赣南山区大量普及开来，产品行销全国。"（赣州）城南人种蓝作靛，西北大贾岁至，泛舟而下，州人颇食其利。"② "淀俗作靛，以叶渍汁和石灰澄沥成淀，用以染缯。沥淀时掠出浮沫为淀花，阴干即青

① ［清］王所举，石家绍. 龙南县志［M］. 刻本. ［出版地不详］：［出版者不详］，1826（清道光六年）.

② ［清］陈观酉. 赣州府志［M］. 南昌：江西人民出版社，1848.

黛也。耕山者种蓝，颇获其利。"①

　　清朝时期，龙南曾经是靛蓝的重要产地，光绪二年《龙南县志》卷二《地理志·物产》将靛归为"货之属"。蓝靛作为染料使用十分广泛，龙南客家人的蓝衫、蓝衫裤、蓝围裙、冬头帕等都是蓝靛所染，用靛蓝染制的布料色泽浓郁鲜艳，不易发霉，甚至有驱蚊功效。据传种蓝草制靛蓝的收益是种稻谷的三倍以上。时至今日，龙南里仁镇均兴村下水片、枫树下、郑屋等地的水渠旁仍可见不少"靛坊"遗址。均兴村老人也有"制靛蓝、晒小盐"的说法。里仁镇新里村渔仔潭围的开基祖李遇德就是靠种蓝草开靛坊发家致富的。据村里的老人回忆，渔仔潭屋场曾有大大小小的靛坊十多个，后因开渠建路而拆除。

（四）烟草

　　赣南烟草传入的时间在明末天启、崇祯年间。烟草由日本传入福建，再由闽人传入赣南。由于赣南地区土性比较适合烟草的种植，因此烟草种植业发展非常迅猛。在清代，由于烟草利润丰厚，种植已经非常普遍。"今遂无地不种……借买烟以易米，似亦生财之一法。"② 烟草作为大宗商品行销赣中北、江浙、湖广、闽粤等地③。龙南"近多栽烟牟利，颇夺南亩之膏"④，大量栽种烟草甚至严重挤占了用于种植水稻的良田。

　　上文提及双季稻的种植也与烟草紧密相关。晚稻种植期间天气炎热，禾苗易生害虫。且田地经过早稻种收，肥力大大下降。在传统耕种水平的条件下，这些都严重制约了晚稻的生产。而烟草的种植恰巧可以很好地解决上述问题，"晚稻……每亩所收不及秋熟之半且善生虫必以烟梗舂

──────────

　　① ［清］宁都直隶州志［M］. 刻本. ［出版地不详］：［出版者不详］，1824（清道光四年）.

　　② ［清］宁都直隶州志［M］. 刻本. ［出版地不详］：［出版者不详］，1824（清道光四年）.

　　③ 李晓方. 清代赣南的烟草生产与贸易［J］. 农业考古，2005（6）：5.

　　④ ［清］王所举，石家绍. 龙南县志：第2卷　地理志·物产［M］. 刻本. ［出版地不详］：［出版者不详］，1826（清道光六年）.

灰粪之乃茂"①。原来烟草去叶后剩下的"烟骨"具有驱虫避害、辛热水土、滋肥土壤的功效，经过处理后壅置田内，很好地解决了晚稻减产的问题。"每值晚稻种植，农人需此甚迫"②，甚者烟骨竟成为商品为"贾人收捆载，转售乡里"③。足见烟草之于晚稻生产以及粮食增收的重大作用。

龙南城区东北的红岩村的一大片区域因盛种、晒烟叶而得名"烟园"，该地的烟园围、烟园老围等客家围屋的建造，都是由烟草种植和加工业的发展而兴起的。

（五）苎麻

据光绪《龙南县志·货之属》记载："木棉布，邑人竞织之，或被、袄、巾、带之类贸于四方。"由于闽粤流民的迁入，作为夏布原料的苎麻种植在清代达到鼎盛，几乎遍布全省各地。清人吴其睿所著《植物名实图考》中记载："江西之抚州、建昌、宁都、广信、赣州、南安（所辖县今属赣州市辖）、袁州苎最饶，缉麻织线，犹嘉湖之治丝。"作为闽粤流民的主要迁移地，赣南地区的苎麻种植十分普遍，如乾隆《石城县志》记载该县"无蚕桑之职，惟事绩纼"，乾隆《龙南县志》记载"妇多织棉苎为布，贫户恒取其息，以自给养"，等等。农村妇女们以麻织布销售，获取利润。

（六）花生

花生在明代中期传入中国，至今也是赣南重要的油料作物。龙南、瑞金、宁都等（州）县都有种植。在龙南"邑境西沙十所种，胜于他处，

---

① ［清］张国英. 瑞金县志［M］.［出版地不详］:［出版者不详］, 1875（清光绪元年）.

② ［清］刘定京. 安远县志［M］.［出版地不详］:［出版者不详］, 1751（清乾隆十六年）.

③ ［清］王所举, 石家绍. 龙南县志: 第2卷　地理志·物产［M］. 刻本.［出版地不详］:［出版者不详］, 1826（清道光六年）.

称西河花生，贩运甚广"①。在瑞金，"（花生）向皆南雄与南安产也，近来瑞之浮四人多种之，生殖繁茂，一亩可收二三石，田不粪而自肥，本少而利尤多，州治近来种者亦多"；在宁都，道光《宁都直隶州志》中记载，"州治近来种植者亦多"。可见，花生在这些县域也成为外销的重要商品。

（七）甘蔗

甘蔗在赣南种植历史悠久，早在南北朝时期，北魏农学家贾思勰就在《齐民要术》中提到，赣南土地肥沃，偏宜甘蔗，"味及采色，余县所无"。明清赣南甘蔗种植十分发达，乾隆《赣州府志》记载说："甘蔗赣州各邑皆产"。据康熙《南康县志》记载，当时南康所产糖蔗每年煎糖数量"可若千万石"。康熙《雩都县志》中记载，当时该县"濒江数处，一望深青，种之者皆闽人，乘载而去者皆西北、江南巨商大贾，计其交易，每岁裹锃不下万金"。出产规模之大可见一斑。龙南的渡江、里仁等地一直是甘蔗的重要种植区。

（八）盐业

"天下之赋，盐利居半"，在中国古代，盐业一直占有很重要的地位，盐科是财政收入的重要来源。食盐作为生活必需品，有极其丰厚的利润，所以历来被官府所垄断。

明清时期，赣南总体隶属于"淮盐"销区。但龙南等地毗邻粤地，"粤盐"运输距离近，价格低廉而质量上乘。反观"淮盐"，经过长途跋涉运到赣南，价钱既贵质量又差，只是因为行政力量的强制要求而得以推行。巨大的利差让一批龙南人铤而走险做起私盐购销生意，翻山越岭到广东去购盐，再返回龙南销售，甚至行销赣南其他县邑，部分商人因

---

① ［清］王所举，石家绍. 龙南县志：第 2 卷　地理志・物产［M］. 刻本.［出版地不详］：［出版者不详］，1826（清道光六年）.

此大发其财。龙南历史上知名的盐商就有坊内堡的廖振汝、上蒙堡的曾云阶、象塘堡的曾顺财等。

由于赣南不生产食盐，主要依赖粤盐和汀盐的运销，而闽粤地区缺少粮食，因此赣闽粤边区形成以食盐和粮食为主要流通商品的经济贸易关系。盐粮贸易带来的商品互通使得龙南群众的生活方式和社会风气都发生了变化。明清以前，龙南人多以务农为生，少事商贾，明清以后，百姓在稼穑之余挑贩食盐维持生计、补贴家用，桃江、关西、武当、杨村、九连山等地涌现大量"肩担客""盐脚"。

三、主要商路与流通格局

龙南地处深山，边缘化特征明显。它通过桃江—赣江—长江水道与以苏州为中心的江南区域市场发生联系，通过群山之间翻山越岭的商路与以广州为中心的岭南区域市场互通有无。

（一）水路

龙南境内山高谷深、河流纵横、水量充足、水路兴盛，有桃江河、渥江河、濂江河、洒江、太平江等主要河流贯穿县境南北和东西部。水路运输对于龙南乃至赣南南部地区的商贾贸易、交通往来都起着举足轻重的作用。

桃江，发源于全南县与广东省翁源县、连平县之间的冬桃岭，流经程龙、渡江、桃江、龙南镇等四个乡镇，县境内约 60 公里以上。龙头滩以南到城北犁头咀为桃江干流，长 14 公里。主要支流有桃江（犁头咀以上）、濂江、渥江、洒江、太平江等。桃江干流自龙南港（犁头咀）起，顺桃江而下至全南龙下，经信丰的极富墟、信丰城和赣县的王母渡而抵赣州，全程 233 公里。龙南境内水程龙南至龙下 14 公里。明清时期，龙南境内河段全年可通航 10 吨以上木帆船。

渥江，源于武当镇下村仙人塘（又称斋公坑）和武当山下，流经武当、南亨、临塘、东江、龙南等乡镇及县城，至犁头咀纳入桃江，流程50公里，可通木竹筏。渥江巷道全线在龙南境内，长55公里。明清时期，从龙南港至东江大稳6公里水路可通10吨以上木帆船，大稳以上通小木船、排筏。

濂江，源于县境关西程岭与定南县月子云台山，流经关西、里仁、龙南镇，至弹子寨注入桃江，境内流程约40公里，可通木竹筏。明清时期，关西乡至里仁9公里可通木船、排筏，里仁墟至龙南港12.7公里可通10吨以上木帆船。后因水量减少，通航能力大幅减弱。

此外，洒江、太平江等河流均注入桃江。

（二）港口码头

龙南港（又称犁头咀码头）位于桃江中上游龙南城北的犁头咀，南唐保大十一年（953）置县始治于今址，开成港口，是桃江河系的主要起始港，是商贾贸易水陆交通的集结点、枢纽处和物资集散港。

原有码头4座：张屋码头，麻条石结构，昔时常有"程龙秀子"船在此码头停泊装卸货物；下东门码头（唐姓人管理），曾为最大的码头，常有较大型木帆船在此装货与载客；下墟坝码头，系木船装卸运油、盐、棉纱、火柴等杂货的专用码头；上圩坝码头（廖姓人管理）。

港口主要吞吐粮食、经济作物等货物，年吞吐量逾万吨。囤积于此、扎排外运的木材更是不可胜数。

（三）陆路

1. 蛇子嵊崇古驿道

从龙南与信丰交界的东坑乡凉荫坳出发，南行经岭下、东坑圩、脚坝、案上、排上、张古段、坳下、黄竹山（有风雨亭）、江阶梯岭上（有茶亭，有人居住，卖茶兼茶点）、黄荆岭、蕉头坳、蛇子嵊、梅坑坪、杨坊、龙洲、县城。此条古道属官道，明清时，从赣州行至龙南官员，绝大部分从蛇子嵊路经杨坊至龙洲接官亭进入县城。

2．北向主要商道

全南龙下圩经龙头滩至龙南县城便道，经河唇围、官檐庙、龙村坝、老茶亭、跌死马、肠盲断水、十八断、龙迳、岗上潭、水西至县城。北向商贸大多以水路通行为主，该商道使用较少。

3．西向主要商道

一条自县城南行经渡江新大、程龙圩、杨梅、盘石、聂徐抵达今全南界，全程以石阶路为主，一般路宽 1.2 米，龙南境内 35 公里，至全南后向西北可达广东韶关。另一条自县城向西至洒源堡，长 12.5 公里，石阶路，过洒源后可通广东南雄。

4．东向主要商道

自县城向东南行。一条是经东江、汶龙抵达定南老城，龙南境内的汶龙路段 25 公里。另一条是经里仁、关西至定南，此道在关西设有关西铺。至定南后接续向东，可连接安远，再东则可与闽西互通。

5．南向主要商道

第一条为县城经大稳至临江至横岗，路长 50 公里，石阶路，一般宽度 1.2 米，再南可至广东中村，此路被称为"赣粤铺路"。此路于清代开通。第二条为县城至横岗岭（今广东中村坳）商道。自县城出发南行，经东江、临江、南亨、武当（横岗隘，又名太平堡）、广东连平州界，以石阶路为主，全程计长 75 公里。此路"山路崎岖，仅容一马"。清雍正七年（1729）修筑横岗至曲尺巷、分水坳，达连平州及河源。赣粤铺路的开通，大大加强了赣粤边陲人口的往来，密切了赣粤关系，促进了商贸的发展。

四、主要理念与商业文化

同治《赣州府志》对龙南风俗有这样的描述："在万山中，其人亢健而任侠。士耻虚务实，鲜以标榜声华为事。俗勤耕织，无不粪之土。"由于自然条件和地理环境的作用，以及龙南地区民风的影响，加上中原儒家文化的熏陶，龙南商人在长期的商业活动中所形成的独特的商业文化精神，包含着敢闯爱拼、信义取利、诚信至上、与人为善、崇俭戒奢、乐善好施等思想观念。

（一）敢闯爱拼的商业精神

龙南山高林密、田地稀缺、土地贫瘠，安土重迁是农耕文明的传统，但是客家先民或迫于战乱，或苦于天灾，或贫于生计，不得不离开祖祖辈辈安居的中原故土。为寻找理想的栖息之所，他们没有停下脚步，不断迁徙。经过岁月的磨炼，客家人锻造出"敢闯爱拼""开拓进取"的精神内核，这不仅是客家文化的显著特征，也是今天客家人能广泛分布在全球100多个国家和地区的一个重要原因。

（二）信义取利的经营理念

龙南商人强调商业行为要遵循"道义"原则，做到既要据义求利，又要为义舍利，把道义制约和伦理规范引入商业活动。龙南商人认为，商业经营活动的目的不应只局限于聚财致富，在聚财致富的同时更应表现出对德性的追求。如关西新围主人徐老四早期做木材生意，需要大笔的现金去收购木材，沿途还有不可预测的税费及其他开销，在资金难以周转的情况下，他向信丰好友李会鉴借了一大笔钱，解了燃眉之急。从此，徐老四生意越做越大，越做越红火，从木材贩运到典当经营，从龙南城做到赣州府，成为富甲一方的"龙商"名人。借钱当还，天经地义。几年后，李会鉴不幸离世，但徐老四并没有因此赖账，而是费尽周折，辗转多次，找到已经搬出信丰的李会鉴的儿子，将当年所借本息一并归还。

（三）诚信至上的商业理念

明清时期，龙南的商人多以以诚待人、信誉至上为经商的基础理念。居住在桃江边上的蔡永恂以放排做竹木生意为生。康熙元年（1662）初春，蔡永恂放木排到达赣州府，拾到了一张万两银票。银票的失主张贴启事寻找，蔡永恂根据启事上的地址，在赣州府南门找到了失主家的万福杂货铺。不巧的是店主不在，蔡永恂没有等候店主回来，而是放下拾得的银票后借故离开了店铺。后来，那位丢失银票的老板专程来到龙南，一路打听终于找到了诚实、厚道的蔡永恂。蔡永恂谢绝五千两银子的酬金，无奈之下那老板提出把这笔银子作为借资，让他用于做木材生意。蔡永恂答应下来并当场立下字据为证。从此，蔡永恂的生意越做越好，慢慢成了当地的大户人家。几年以后，蔡永恂添了些银两作酬谢，将那五千两白银还给了万福杂货铺的老板。此后，信誉卓著的蔡永恂生意越做越大，在桃江边上建起了规模宏大的新大水围。

（四）与人为善的处世观念

龙南商人深受儒家传统文化的熏陶，具备浓厚的儒商情怀，他们与人为善、以诚待人、以信服人、薄利竞争、甘当廉贾。在处理义利关系上，宁可失利，不可失义，能够做到先义后利、以义制利、以义为上。与人为善、开放包容、和气生财是龙南商人处理内外关系的基本方略。他们热情待客，广结善缘，一团和气，以包容和气来稳定和扩大商业交易的关系网络。客家人素有一颗善良纯朴之心，他们热情好客、礼待来宾。龙南人更是以好客为荣，在他们心中，"来的都是客"。无论你去到龙南的哪个乡村角落，那里的百姓都不会因为你是陌生的外地人就用警惕的目光看你，相反，每走进一家一户，必会泡上一壶茶，端出花生、烫皮番薯干等土特产，还招呼吃饭，说话很有礼貌，待客很讲礼节。对于尊贵的远客，龙南人更加尊敬，他们会奉请客人坐上席，这是传承客家礼节的结果。客家先民离开中原之后，饱受途程奔波困厄之苦，备尝艰辛，由于是"异乡来的人"，不受原住民的欢迎，只好忍辱负重，居住在没人愿去的山区。客地生存，使客家先民不仅要面对恶劣的自然环境，同时还要接受异地的人文挑战。因此客家人视与人为善、互通互融为美德，而且一有机会就会想着为他人行善举、为社会做好事，祈求全家能平安吉祥、社会能和融发展。

（五）崇俭戒奢的消费理念

龙南商人创业过程中不畏艰辛、勤奋敬业、刻苦经营，经商致富后仍坚持克勤克俭、生活简朴。龙南商人大多是家境贫寒的农家子弟，自幼便形成了吃苦耐劳、崇尚节俭的品格。许多商人由于亲身体验到经营的艰辛和获取财富的不易，往往能够疏远纷华声色，粗食布衣，俭约持家。除了在生活消费方面，从客家围屋的营造中同样可以看出龙南商人的崇俭戒奢。龙南客家围屋普遍将追求防御功能保障家人生命财产安全、功能布局合理、宜室宜居作为围屋建造的朴素追求。大量围屋高大坚固、用料扎实，但彩绘、石雕、木雕、灰塑等装饰构件普遍较少，简约质朴、低调内敛、不事张扬。

（六）乐善好施的财富理念

龙南商人深受儒家思想的浸染，坚持以"仁爱"之心处理人际关系，形成了扶危济困、乐善好施的精神传统。他们倾向于以"能聚能散"的观念来对待财富。善于经营、谋求利润，用于自养，谓之"能聚"。以无用之钱作有用之物，仗义疏财、扶危济困、周恤乡里、济弱扶倾即所谓"能散"。

此外，家资的丰盈与祖祖辈辈的积累与良好家风的传承不无关系。以龙南关西镇徐氏为例，龙南清代四个翰林，关西徐氏占了三个半，分别是徐名绂、徐思庄、徐德周，另一个翰林相传是关西徐氏的女婿。整个家族中，有各种功名的人有数百人之多，崇文重教之家风可见一斑。从关西徐氏族谱中可以看出，该家族从清前期即开始进入科举和功名高产期，并在乾隆、嘉庆、道光、咸丰年间进入一个高峰。与此同时，徐氏族人在龙南的县域政治生活中同样发挥了积极作用。志书中记载了徐氏族人的许多事迹，或是赈灾捐款，或是参与修志，或是带头减免赋税，等等。

　　至于家产经营，基于上述优良的传统，龙南商人不仅能继承好家业，还能持续发扬光大才，难能可贵。我们从黄志繁教授收集的徐老四在道光七年（1827）析产分家的记录簿中可以了解一二。

　　予为分关立谱所以详载家资胪列产业，俾尔兄弟世守，且望奕集缵绪，振兴无穷也。忆我父创业艰辛，生予兄弟六人，予行四。稍长，俾习诗书，励志上进。比弱龄，冠童子军，遂采芹泮水。斯时口致读，窃谓拾科掇甲，庶可光大门闾，无何数荐秋闱，有志未逮，因督理家务，援例加捐布政使司理问，遂弃举业金玉马堂之选，惟于后嗣伫望焉。龄至廿八，岁值乾隆辛丑年，承父遗命，兄弟分居各爨，予得坐分田租叁百捌拾担正，西昌典铺半间，存资产壹陆千两。因思遗训曰：尔等家资产业守成，更当开创，予谨佩勿喧。由是竭力摒挡，内主家政课诵，外谋生理。凡洪纤巨细诸务，悉亲自图维，不幸越中年，尔母早逝。予每以失内为恨，然思以恢扩先业，终不倦勤，继而爵秩晋命膺承家启后之计尤切。尔兄弟当亦原予用心之所在也。迄今予年已七十有四矣，尔等俱各长大成名出仕者，已身受国恩，在家者亦皆名列胶庠。予每顾而乐之，倘得效爱敬于司马，仿同室于张公，岂不甚幸。然丁计百余，屋分数所，予老矣，实难统摄，因思前己巳岁将福字寿字所储银两贰万贰千两分与尔兄弟九人，各自生理。然田产、房屋、典铺尚未分开。兹特统计予一生坐忿及自置田租壹千贰百贰拾陆担正，典铺贰间半除京昌房屋地基典帖一半，业经尔兄弟长春号内交出典钱贰千吊正经予收用，其房屋地基典贴什物等项俱归长春号照股永远掌管为业，其余典铺贰间及所有田产除拨定醮祭膳学宾兴幼童公项若干。留烝尝鼓励子孙，又将缩余田租屋宇塘土山冈典铺店房分为九分，每人坐分一分，胪列于左。自今以后，尔兄弟九人务宜各掌各业，丕振家声，克俭克勤，恢宏先志，则廉让可风，箕裘有赖，此则予之厚望也。

　　道光七年正月初十日自序

　　在场侄　莘然（画押）凤达（画押）井然泮馨（画押）

　　师尹（画押）贻谷正孚（画押）

在场侄孙　坤茂（画押）

代笔侄孙　择善（画押）

计开醮祭田租数列后

从这份分家谱可知，徐老四在经商前就已经继承了不菲的财产，"田租叁百捌拾担正，西昌典铺半间，存资产壹陆千两"，此后不仅没有坐享其成、坐吃山空，反而苦心经营、传承有方，家业越办越大，建成"围屋之王"——关西新围，还广置田宅店面典铺，田租已增至"壹千贰百贰拾陆担"，储银增至"贰万贰千两"。

客家围屋是赣闽粤毗邻地区特色鲜明的民居建筑，是动荡社会环境下适应族群自保和居住需求的建筑形式，往往墙高壁厚，具有明显的防御特征和割据属性，为统治者所不悦，方志中往往不予收录，家族谱牒中也是少有记述。

龙南商品经济初期的发展与围屋的大量兴建均与明清时期大量的闽粤客家移民流入密切相关。移民带来了经济作物的种植，促进了山区开发，为围屋的建造积累了资金和物质基础；移民的大量涌入造成了社会的动荡，催生了围屋这种防御性建筑的形成，围屋的建造保障了居民的生命财产安全，进一步维护了区域商品经济的稳定发展；而商品经济的发展带来了生活富足，培育了一批批富户，为围屋的建造创造了更多物质条件。尽管历史文献资料记载甚少，但商品经济和围屋建造却对龙南经济社会的发展、生产格局的变迁、客家文化的形成乃至客家精神的塑造都产生了广泛而深远的影响。

围　名

　　说起取名，中国人是极为重视的。《左传》中就记载了春秋时期的鲁国大夫申繻提出人名有"五法七忌"。现在看来这些规范好像也不是铁律金规，我们从那时许多大人物的名字来看，还是取得相当随意，比如郑庄公叫"寤生"（难产倒着出生），齐桓公叫"小白"（皮肤白），晋成公叫"黑臀"（屁股黑）……后来取名逐渐成为一件人生大事，在中上层社会形成严格的规范，不再那么随意。

　　内涵丰富、底蕴深厚的地名文化，有着鲜明的属地特征，寄托了强烈的情感认同，是我国优秀的传统文化的重要组成部分。当我们身处陌生都市，在灯火阑珊处，不经意间听到或看到家乡名字时，瞬间令人百感交集。地名，或来自山川地理，或上应天象星文，或源自历史事件，或用古国之名，或沿用秦汉旧称，或因避讳更名，或是美好祝福，在历史长河与山川大地之间，在平淡无奇与优雅深谙中，深藏着许多缘故。

　　客家地区的"围"是一个独特的存在。如香港电影《天水围的日与夜》和歌曲《天水·围城》中的天水围，深圳平湖老围、大万世居围、鹤湖新居围，惠州崇林世居围、碧滟围……至于赣粤闽交接的赣州、梅州、河源、韶关、龙岩等客家大本营地带，"围"更是数不胜数。

　　"围"通常指客家围屋，又被称为围村、围村屋、围屋村、土围、水围、围堡、客家围等，是客家经典民居的三大样式（客家围屋、客家排屋、客家土楼）之一。客家围屋大多以"围"字命名，被誉为"东方的古罗马城堡""汉晋坞堡的活化石"，被中外建筑学界称为中国民居建筑的五大特色之一。

　　与取人名地名相似，中国人同样重视给建筑取名，而且还要做成匾额悬挂在屋檐下，极为醒目。这个传统在古代宫殿上体现得淋漓尽致。如殷商末叶开始流行高台式的宫殿，商纣王建的叫"鹿台"，西周初年周文王建的叫"灵台"。到了春秋战国，吴国有姑苏台，齐国有柏寝台，楚国有章华台。秦始皇统一天下，所建宫室各取佳名，例如上林苑西边有一处宫殿种植了大片垂杨，就叫"长杨宫"，其宫门望楼是观赏射猎的地方，叫作"射熊观"，宫中临近鱼池的高台叫"鱼池台"，阳宫北面有"望夷宫"，取"远望北方蛮夷"之意。

　　这些建筑名称大致都能够准确表达建筑的基本特点或者强调某种文化寓意，后来这些做法在民间同样播衍开来。无论王公府邸、官僚宅第还是普通民居，其中的厅堂屋舍往往也都拥有自己的名字，其中不乏措辞典雅的例子。比如北京恭王府中用于祭祀的神殿叫"嘉乐堂"，客厅称"多福轩"，居室则叫"乐道堂"。江南很多大宅取名肃雍堂、同寿堂、乐寿堂、世雍堂、东吟堂、世德堂、大雅堂等，这些名字大多源自儒家典籍，表达礼乐和谐、寄托尊祖、家族兴旺的寓意。

　　客家地区的围屋等建筑是中原遗民聚族而居的特殊民居形式，同样，几乎每座围屋都起了响亮的名字。例如：赣州的燕翼围、关西新围、乌石围、栗园围、东生围、雅溪围屋、虎形围、明远第围、西昌围、龙光围、福和围、鹏皋围等；惠州的鹤湖围、崇林世居围、南阳世居围、碧滟楼、会源楼围屋等；梅州的磐安围、棣华围、东升围、盘龙围、善述围；深圳的大万世居围、鹤湖新居围等；河源的苏家围、崇兴围、松秀围、德馨围等；韶关的满堂围、八卦围、兴昌围、长安客家围等；香港的江夏围、三栋屋村、曾大屋（山厦围）等；福建的振成楼、承启楼、环极楼等。

　　行走于龙南的客家围屋之间，除了那些清晰标注名称的围屋外，我们会发现许多围屋大门的门楣上"空空如也"，看不到名称，而在与村民的交流中和资料登记上它们却有这样或那样的名字。下面，笔者就以龙南客家围屋的围名为例，刍议"围名"的原委。

　　以环境地理命名。这类命名更多是约定俗成叫法，当地的地名叫什么，围屋就叫什么，主要是为了人们在生活、生产、社会交往中方便应用。如田心围、岗下围、湾仔围、河背围、岭头围、盆形围、窑前围、乌石围、栗园围、竹园围、烟园围等。这类围屋往往在门楣上没有书写或篆刻围名。此类围名占比最多，约占龙南客家围屋的45%。比如，有好几处田心围都是因为把围屋建在一大块田的中心而得名；乌石围原名盘石围，围屋前有个似蛤蟆的（黑色）大石头，客家人称黑色为"乌"，因此而得名；竹园围因围屋旁有竹园而得名，等等。通过这类围名，人们可以从名字中简单理解此围屋当时所处的地理环境。

　　以文化传统命名。前述已知，古人为建筑取名字都非常讲究，往往都有根据，引经据典，蕴含道理，有出自经典古籍的，有从吉祥、平安、长久、发财等相关的"好字"中找到适合自己的，如燕翼围、龙光围、西昌围、承启围、德辉第围、永胜围、西昌围、晋贤围、福和围、光裕围等都是此类，大抵经过引经据典、深思熟虑，颇为文雅，取好名字后要书写或篆刻在门楣上。龙南此类围名占比约24%。如燕翼围的"燕翼"，在许多地方都可以看到这个名字，本义为燕子的翅膀，谓使子孙后代安吉。出自《诗·大雅·文王有声》："丰水有芑，武王岂不仕？诒厥孙谋，以燕翼子。"

　　这一类中有些是采用本家商号为围名的，比如西昌围，源自家族商号，因徐氏家族经营木材生意时船号和木头烙印标记为"西昌"，故取名为"西昌围"。传统商号取名都较为讲究，往往出自以下56个字，这是古代商号牌匾的主流：

　　　　　　国泰民安福永昌，兴隆正利同齐祥。

　　　　　　协益正裕全美瑞，合和元亨金顺良。

　　　　　　惠丰成聚斋发久，谦德达生洪源行。

　　　　　　恒义万宝通大楼，春康茂盛庆居堂。

　　以视觉对比命名。这类围屋也是没有专门命名，在日常生活中采取时间新旧对比、空间大小高矮对比和形态对比的方式加以区分，比较常见的"某某"新围、"某某"老围、上新屋、下屋围、细围，新围仔等都是这一类，龙南此类围名占比约18%。这一类当中最出名的当属关西新围，因西昌围平时称为"老围"，而在"老围"旁边由本家后代新建的围屋一直未正式命名，与"老围"相对，大家习惯称它为"新围"，又因地处关西镇，后人给它正式命名为"关西新围"。

以宗亲姓氏命名。这种命名比较直接，就是直接在姓氏的后边加上"屋围"字眼。我国不论南方北方的村庄，大多是与姓氏有关联的，一般称某"村""庄""家"等代表集群的名称，这种多以姓氏来命名的村庄，是与中国特色的政治文化制度，即宗法制度在全国的推行相关联的，是中国特色政治文化与祖先崇拜的体现。在龙南，这类围名也比较常见，如曾屋围、赵屋围、月屋围、陈屋围、魏屋围、周屋围、李屋围、袁屋围、黎屋围、十姓围、八姓围等，龙南该类围名占比约13%。这其中十姓围和八姓围比较特殊。前文已述，客家围屋一般由某位男性祖先规划并建成或由后代持续拓展建成，围内所居成员都是其一人血脉裔孙，通常都是一个姓氏，多姓人家共建一座围屋并不多见，这类多姓聚居在一起，共建围屋、和睦共处更是难得，以至于十姓围的堂号也没有偏颇哪一家，而是起了一个共同的堂名："爱敬堂"。十姓人家把中华民族团结互爱、患难与共的传统美德彰显得淋漓尽致。

龙南，有高耸入云又山高林密的山川，有踩出光亮的古驿道，有三江环抱的城池，有生活富足的山间盆地，有津津乐道的城乡故事……在形形色色的围屋名称中，可以窥一域的风土人情，赏秀美大地。

勤劳淳朴的客家人建造的一座又一座客家围屋，伫立在南赣大地，一个又一个围名拼成"世界围屋之都"和"中国围屋之乡"的版图。在乡土与家园中，在人文与历史中，在生活与环境中，这些客家围屋浓墨重彩地刻画着"逢山便有客、无客不住山""未见客家人，先见客家楼"的地域特色，在潜移默化中创造和继承着丰富而优秀的客家文化。

祠　堂

　　祠堂，又称宗祠、总祠、家庙，其中又有分祠或支祠、房祠之分。还有一种常见的"居祀合一"建筑，因它也有祭祀祖先的功能，所以也常常被人称为祠堂。客家人一般称祠堂为"厅厦"，称一栋房子为"屋"，一间房子为"房"。厅是屋的中心，许多栋"正屋"和"横屋"连在一起便组合成了一幢"大屋场"。客家地区这类"厅厦"建筑严格意义上与祠堂有所区别，有点亦民居亦祠堂之感。

杨村镇乌石围祠堂内景

　　人，自从有了姓氏，便有了家族认同感。尤其是农耕文明下的中华儿女，把同祖同宗看成是认同自己集体的标准。随着时代的变迁，宗族亦随着变化，或变得"人多势众"，如宋代的义门陈，数千人不分家，一起生活，一起吃饭；或变得四处播迁，遍布各地，落地生根，繁衍生息；或因战乱、疾病、灾荒，没了下文。受传统思想的影响、情感归宿的需要和政策法度的允许，在历史长河中，人们为了加强社会群体记忆，就产生了族谱和祠堂等物化形式的记忆载体。在各种因素共同作用下，祠堂作为一种能被上至皇室及达官贵人，下至黎民百姓共同认可的设施，一直在风雨中挺立了千年，并且发挥着独特的作用。

一、祠堂的由来

祠堂，这种性质的建筑，起初都是建在坟墓前的祭祀性地面建筑，多为石构，当时称为"堂""祠"或"室"。考古资料显示，祠堂最早见于汉墓。当时的祠堂建造比较简单，前有大门，进门即有享堂，是最早举行祭祀仪式及族人咸聚会议的地方。享堂后面为寝堂，是祖先的墓葬。后世的祠堂已无墓葬。在中国古代，受制于礼制约束，民间祠堂发展缓慢，寥寥无几，只有有官爵者可以建家庙，祭祀祖先。《礼记·王制》中记载："天子七庙，诸侯五庙，大夫三庙，士一庙，庶人不得立庙，祭于寝。"这就是说庶民百姓祭祀祖先，不允许单独建祠庙，只能在住宅中祭祖。从这个意义上讲，赣南的"厅厦"更似传统古制，在厅堂中设有祖堂或置神龛奉祀祖宗牌位。宋朝时，儒学大师朱熹在《家礼·祠堂》中明确提出"君子将营宫室，先立祠堂于正寝之东，为四龛，以奉先世神主。"此后，普通人开始在居家之室设先祖神位，或立家庙家祠以祭祀祖先。此时的祠堂还是与居宅连在一起。而真正脱离居室，并以宗族名义在村落中建造用来祭祀祖先的专职"祠堂"建筑的出现是明代的事。明嘉靖十五年（1536），礼部尚书夏言在《请定功臣配享及臣民得祭始祖立家庙疏》中说道："臣民不得祭其始祖、先祖，而庙制亦未有定则，天下之为孝子慈孙者，尚有未尽申之情。"提出"定功臣配享"，"讫诏天下臣民冬至日得祭始祖"，"讫诏天下臣工建立家庙"三条建议。明世宗朱厚熜采纳了夏言的建议，"许民间皆得联宗立庙"，于是祠堂遍天下。就这样，一方面是朱熹的《家礼》在民间的深得人心，一方面得嘉靖皇帝的"上是之""下从之"在政策上对民间建祠立庙的鼓励，从这时开始，在中国大地，兴起了大建祠堂的高潮。

武当镇田心围祠堂内景

二、祠堂的功能

祠堂属于民间礼制性建筑，是所属房系族人安妥先灵进行祭祖的地方，也是家族血脉的体现。祠堂为某一宗族或房系所建，并以姓氏命名，如某氏宗祠、某氏家庙之属。从功能上来讲，主要有以下几方面：

一是供奉先祖神位。所谓"神位"，俗称"灵牌"，就是将去世的先祖名讳，写在木牌上，按秩序摆设在神龛或神台上，供后人参拜。

二是宗族祭祀祖先。常见的为春秋两祭，即在一年中的清明、中元节进行祭祀。祭祖的基本原则是"必丰、必洁、必诚、必敬"。祭礼形式十分繁复，目的是通过祠堂祭祀，使族人瞻仰先祖、缅怀祖宗，从而唤起家族团结、血亲相爱的观念。

三是宣讲宗法礼制。祠堂祭祖仪式开始前，一般都会由族长或尊长向族众进行"读谱"，讲述祖宗的艰难创业史，宣读家法家规等，教育族人按礼法做人做事。

四是讨论族中事务。族中遇有重大兴革事宜，关系到全族之利害者，如推选族长、修建祠堂、续修族谱、购置族产、处罚违规者等，都由族长召集族丁在祠堂开会讨论，形成决议。

里仁镇栗园围纪缙祖祠大门

三、祠堂的堂号

　　每一座客家祠堂都有堂号（也叫堂名）。堂号是一个家族的源流世系，也是区分族属、支派的标志，家族兴旺繁衍的象征，是客家人寻根溯源与崇敬先贤的体现，也是客家文化中用以慎终追远、弘扬祖德、敦宗睦族的符号标志。堂号作为家族的徽号和别称，不仅有明显的地域特征和血缘内涵，而且带有浓厚的宗亲色彩，具有很强的精神纽带作用。从地域来说，客家人祠堂的堂号大多是来源于发祥地，客家人以故土的地名为祠堂的名号，以缅怀先祖，怀念故乡。如张姓的清河堂，就是渊源于张姓发源于河北省清河县。刘姓的堂号是彭城堂，彭城是刘姓郡望，也是刘氏的发源地。因此，许多刘氏宗族都将自己的祠堂称为"彭城堂"，以标明自己为彭城刘氏，是正宗的汉家后裔。陈姓的颍川堂，赵姓的天水堂，潘姓的荥阳堂，等等，都以发源地的地名为祠堂的堂号，其意不言而喻。特别是陈、钟、赖、邬、干等姓氏的堂号都是"颍川堂"，是因为这五个姓氏都源自河南的颍川。

里仁镇老屋围大纶祖祠的抱鼓石

四、祠堂的建筑风格

　　庄严的祠堂代表着一种文化的根脉，象征着一种规制和威严。血浓于水，在中国的传统文化中，祠堂是维系血缘关系的圣地，是家族的荣耀，是祖先的功德的象征。在客家围屋的高墙大院里必定有一座祠堂。客家祠堂的建筑，在用料方面是很讲究的，砖要用上好的青砖，木料要用粗、直、结实的。祠堂是砖木结构，飞檐斗拱，两根浑圆的柱子立于大门两侧。门楣上方都有文字，两边贴对联，显示的是客家人耕读传家的习俗。一般情况下，客家祠堂共分上、中、下三进，中间辟有天井。在客家祠堂中，上厅是最重要的，是象征着家族权威的重要场所。一般都会供奉先祖的牌位，上号某某祖先的名讳，被认为是祖先的灵魂所在，因而也叫"灵位"。其实灵位安放是有规矩的，神龛正中间最崇高，供奉本族始祖；左龛为"崇德"，供奉有功名出仕或德泽于民的先祖；右龛为"报功"，供奉捐资赠产、大修祠堂、购置族田、创办义学等有功于本族的先祖。此外，其他的历代祖先则按"左昭""右穆"的顺序分别安放于偏殿、侧室。祠堂的门前都会有一口池塘，岸边杨柳依依，是祠堂最亮丽的风景。祠堂门前的池塘叫作"泮池"，一般呈半圆形。池塘和祠堂联系在一起，其真正目的应该是为了防火。也许这就是我们先民的智慧之所在。

关西镇西昌围祠堂正门

五、祠堂里的习俗

客家人重大的宗族活动，包括红白喜事都是在祠堂里举行。在祠堂里举行宴会的时候，上厅、中厅主要安排男客，下厅则是女客和孩子。每年的大年初一，客家人都会在祠堂内举行宗族聚会。一大早，大红蜡烛在祠堂燃起，先是举行隆重的祭祖仪式，然后在祠堂聚餐。祠堂里，十几张八仙桌拼成长长的酒席，来聚会的大多是男丁，家家户户拿出自酿的米酒，人们欢聚一堂，开怀畅饮。当然，祠堂里举办的白事也是相当隆重。村子里的老人过世了，都是在祠堂里办丧事，从入殓到出殡，整个流程极为庄重，风风光光地把去世的人送出门，直至入土为安。大年初一还会在祠堂放添丁炮。"添丁"寓意着人丁兴旺、家族繁荣。所谓放"添丁炮"，就是头一年新生了男孩的人家，都到祠堂燃放爆竹，请喝"添丁酒"，以庆祝一个新生命的诞生，祈祷先祖保佑延续香火，家族人丁兴旺。每月的初一、十五，人们还会到祠堂敬上香火，缅怀先人的丰功伟绩，祈求得到先祖的庇佑。

关西镇西昌围祠堂内景

六、围屋里的祠堂特点

在赣南地区，一般称"祠"的建筑，多指"宗祠"，上述分祠、支祠意义上的祠堂，很多只称"堂"，即以堂号别之。

宗祠，一般是由一方（可以是数村，乃至数县）宗姓集资，为纪念某一位在当地的开基先祖单立建祠，不与民居相连；堂或分祠、支祠则有单独共建的，也有与"厅屋组合式"民居建在一起的，围屋与堂或祠的结合，属于后者。因此赣南围屋中稍大点的围屋，围内一般都设有"三进式"类似分祠或支祠性质的堂。而那些小围屋、"口"字形围屋，如里仁镇沙坝围、猫柜围等，围内无法建一般意义上的祠堂建筑，但也必须设有"祖堂"这一"准祠堂"性质的建筑空间。

本来祠堂是后人合族共建的独立公共建筑，但大多数围屋是由某一个先祖领头独资建成，因此，一些围屋起初往往只是设小家庭敬奉近祖的祖堂，随着岁月的推移，人口的繁衍，家庭不断分支，部分祖堂便逐渐升级为分祠或支祠性质的"祠堂"。不过，也有许多是先合支房族众建成祠堂，然后围绕祠堂建成围屋者，如关西镇西昌围等。

七、祠堂的现代意义和传承

各地历史上修建的传统祠堂或因毁于战火，或因在社会发展过程被人为破坏，能保存至今的越来越少。即使保存下来的祠堂，也已经丧失了其原有的功能。但是，客家地区有些不一样，保存下来的祠堂还相当可观，并且在新时代里不断得到修缮与传承，还被时代赋予了新的功能。

如祠堂作为宗族内部事务的管理场所，以其特殊地位，在族人间调解赡养老人纠纷、邻里宅基地纠纷、婚姻嫁娶矛盾等，具有相当优势。虽然这只是一种不同于政府行政以及司法机关的软性功能，却具有较强的化解力，易为群众所接受，是农村基层治理不可或缺的优质资源。一座座古老的祠堂正变身成为公共文化空间新载体，焕发出新的生机与活力。

祠堂还是农村文化活动的重要载体，是一个村落的公共空间。在祠堂开设村文化活动室，提供图书借阅、体育健身、棋牌等文化娱乐和体育服务，深受村民欢迎。祠堂与公共文化体系的融合，较好拓宽了祠堂文化的内容。

还有许多祠堂被当成旅游资源进行开发，作为村史馆、民俗馆、博物馆，发挥了其旅游价值，为社会旅游业的发展创造了价值，为人们出游提供了场所。

客家人常说"敬神不如祭祖"，这是华夏人内心信仰的写照，是民族凝聚力、向心力的根基，是客家人对祖宗的虔诚敬仰，是优秀传统文化的传承。

匾　额

匾额，作为中国古代建筑常见的装饰物，一般悬挂在门楣与檐顶之间，亦常见于厅堂之上，或见于亭台水榭，功能不尽相同，它记载了一段历史，是一部传统文化的教科书、一件书法艺术作品、一幅雕刻艺术的画卷。它集语言、书法、字印、建筑、雕塑于一体，是中国古典文化一个灵动的缩影，是建筑物的灵魂和眼睛。

在世界围屋之都、中国围屋之乡——龙南，也有不少匾额，或居于祖祠大屋，或存于厅堂庙宇，或湮于历史尘埃，或流于乡梓之外，有的已鲜为人知。

一、功名教育类

此类为古代考取进士、举人、秀才或是进入国子监读书的各类学子，在参加科举考试中考取功名，或是读书学习期间所受表彰的匾额。古代匾额以功名教育类的居多，足以佐证耕读传家的传统文化理念。

科举功名匾额一般悬挂在宗祠、家庙或府第建筑的显眼处，既有炫耀族人举业和宣扬仕途，也有光宗耀祖、昭示后人之意。

进士匾（桃江乡曾屋围）

【款识】

明万历辛丑年，为太常寺少卿前兵刑吏科给事，曾汝召吉旦立，二零一零年重修。

忠恕门第匾（桃江曾屋围）

【释义】

曾汝召，明万历二十五年（1597）举人，明万历二十九年（1601）进士，曾任太常寺少卿。

进士第匾（关西镇下九围）

【释义】

徐名绂，清乾隆五十四年（1789）举人，嘉庆四年（1799）进士，曾任同州府知府。

徐思庄，清嘉庆二十三年（1818）举人，道光二年（1822）进士，曾任山东按察使。

徐德周，道光二十四年（1844）举人，道光二十五年（1845）进士，曾任翰林院庶吉士湖广司主事。

例进士匾（龙南市博物馆馆藏）

【款识】

敕授文林郎知江西赣州府龙南县事加三级纪录五次年家眷教弟冷泮林为，贡生彭秉恒立，乾隆壬寅年冬月，吉旦立。

选拔进士匾（关西新围）

【款识】

钦命江西提督学政孙葆元为己酉科贡生徐绍熊，道光二十八年戊申岁立。

祖孙进士匾（桃江乡曾屋围）

【款识】

顺治己亥孟秋之吉，乾隆戊子年孟秋月重修，赐进士第知龙南县事古赵高光国为，浙江按察司前山东监察御史曾克伟，太常寺卿前兵刑吏科给事曾汝召修。

望重雍宫匾（武当镇河口围）

望重雍宫匾（武当镇河口围）

【款识】

龙南县儒学上官豫为，大学生叶泰泽立，道光十七年冬月吉旦立。

【释义】

望重：意思是指名望大。出处《南齐书·江谧传》："以刘景素亲属望重，物应乐推，献诚荐子，窥窃非望。"

雍：辟雍，本为周天子所设大学，东汉以后，历代皆有辟雍，作为尊儒学、行典礼的场所。

王国储桢匾（武当镇河口围）

【款识】

龙南县儒学掌教事张先考为，监元叶大伸立，乾隆三十七年吉旦。

【释义】

桢：古代打土墙时所立的木柱，多用于皇宫的立柱，泛指支柱，喻能胜重任的人。

秀拔成均匾（武当镇河口围）

【款识】

龙南县学教谕胡履信为，大学生叶泰泽立，道光丙戌年仲冬吉旦。

【释义】

秀拔：美好特出；秀丽挺拔。《三国志·蜀书·彭漾传》："超问兼曰：'卿才具秀拔，主公相待至重'。"

成均：泛称官设的最高学府。《礼记·文王世子》："三而一有焉，乃进其等，以其序，谓之郊人，远之，於成均，以及取爵於上尊也。"郑玄注："董仲舒曰：五帝名大学曰成均。"

光前裕后匾（龙南市博物馆）

光前裕后匾（龙南市博物馆馆藏）

【款识】

敕授修职郎礼部进士拣选知县署龙南县儒学教谕加三级愚弟张佰煜

为，国学生萧良登年加捐九品，兼请令修训贤契荣入国学立，同治二年
春月吉旦立。

【释义】

光前裕后：为祖先增光，为后代造福，形容人功业伟大。出自《欧
阳颀德政碑》。

香山垂誉匾（龙南市博物馆）

香山垂誉匾（龙南市博物馆馆藏）

【款识】

敕授广东香山县正堂凌光耀，赐进士第翰林院侍读典试山西正主考，
年家眷弟卢明楷拜撰。

【释义】

香山：地名；垂誉：为后人留下业绩或名声。

璧水扬名匾（龙南市博物馆馆藏）

【款识】

特授龙南县儒学正堂熊为，国学生谭必勋立，光绪十五年冬月吉旦。

【释义】

璧水：指太学，泛指读书讲学之处。宋·陈亮《谢留丞相启》："如
亮者才不逮于中人，学未臻于上达。十年璧水，一几明窗。"

扬名：形容非常有名气，名声很大。

勋崇巩固匾（龙南市博物馆馆藏）

【款识】

例授修职郎戊子科优进士现任龙南县训导前署宜黄县学事加三级纪录二次年眷弟朱荣燮为，例叙正九品曾礼明立，咸丰元年冬月吉旦。

【释义】

勋：指特殊的、有意义的功劳。

崇：本义为山大而高，引申指高尚、被推崇的人。

二、旌表贺颂类

在封建社会，那些维护封建伦理道德、整治规范政绩显著者，多被赏以匾额，称"扁表"。获得官府或百姓的扁表示一种很高的荣誉。

旌表贺颂有褒扬、歌颂、称赞之意。通过赠送、恩赐给受匾者，载体有旨匾、旌表、功德、声望、贺庆、节孝、医德等。

奉旨赏戴蓝翎匾（关西新围）

【款识】

道光十九年岁次己亥季夏，奉旨，赏戴蓝翎，呈，徐封、徐增，吉旦。

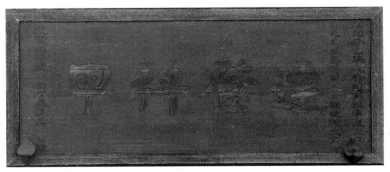

连登科甲匾（关西新围）

连登科甲匾（关西新围）

【款识】

道光癸巳举人徐封例授奉直大夫，道光己亥恩科举人徐赠敕授文林郎，咸丰二年岁次壬子孟夏月，吉旦。

婺焕北堂匾（龙南市博物馆）

婺焕北堂匾（龙南市博物馆馆藏）

【款识】

龙南县知事邵贤南为，廖母凌太夫人七十一寿庆题，民国十三年夏月立。

【释义】

婺：婺女星，二十八宿之一，指已出嫁的妇女；焕：光彩四射。明·丘濬《故事成语考·老寿幼延》："贺女寿曰：'中天婺焕。'"

北堂：古指居室东房的后部，为妇女洗涤之所。《仪礼·士昏礼》："妇洗在北堂。"郑玄注："北堂，房中半以北。"贾公彦疏："房与室相连为之，房无北壁，故得北堂之名。"后因以"北堂"指主妇居处。也意指母亲。

寿域同登匾（龙南市博物馆馆藏）

【款识】

龙南县知事李植衡敬祝，民国十五年十一月吉旦。

【释义】

　　寿域同登：祝寿词，祝老人长寿之意。同登寿域，是古代中国婚俗习俗中的一种仪式。它又称相生之道、摄生之道，即夫妻两人同时登上人造山丘，象征着夫妻两个同时长命百岁。在中国传统文化中，同登寿域是一种具有吉祥、美好寓意的仪式，代表着夫妻之间得以相互扶持、相互关爱、生活幸福的美好愿望。

　　寿域：谓人人得尽天年的太平盛世。语出《汉书·礼乐志》："愿与大臣延及儒生，述旧礼，明王制，驱一世之民，济之仁寿之域，则俗何以不若成康？寿何以不若高宗？"唐杜牧《郡斋独酌》诗曰："生人但眠食，寿域富农桑。"明唐寅《世寿堂诗》曰："太平熙暭出寿人，皇风蒸煦寿域春。"清金人瑞《吴明府生日》诗曰："十万户齐登寿域，壶天岂独一人长。"

松龄桂馥匾（桃江曾屋围）

松龄桂馥匾（桃江乡曾屋围）

【款识】

　　礼部进士文林郎例知县事借补赣州府龙南县儒学司训前署袁州府教授事加三级录四次梅水榭惠为，曾枝征兄八一荣寿立，乾隆四十一年岁次丙申仲夏月，谷旦。

【释义】

　　松龄：本义指松科植物，形容长寿。

　　桂馥：像桂花一样芬芳。

三世荣名匾（龙南市博物馆馆藏）

【款识】

礼部进士敕授文林郎选知龙南县儒学正堂兼＊＊＊加三级录五次郭为，＊＊谭＊＊＊＊＊德懋立，光绪二十九年夏月，谷旦。

【释义】

荣名：令名，美名。语出《淮南子·修务训》："死有遗业，生有荣名。"

五代同堂匾（龙南市博物馆馆藏）

【款识】

赐进士出身文林郎知龙南县事＊＊＊左方海为，蔡永诗、蔡永誉、蔡永诱之母萧老孺人八十晋一荣诞立，嘉庆五年岁次庚申冬月，谷旦。

三、府第堂号建筑类

广义的堂号与姓氏地望相关，或以其姓氏的发祥祖地，或以其声名显赫的郡望所在，作为堂号，亦称"郡号"或总堂号。同一姓氏的发祥地和郡望不同，会有若干个郡号。

培厚堂

狭义的堂号也称自立堂号，在同一姓氏之间，除广义的郡望之外，往往以先世之德望、功业、科第、文字或祥瑞典故，自立堂号，其形式多种多样，五花八门，不胜枚举。

建筑匾额主要用来标注建筑物的名称，通常指悬挂在建筑室内外檐下正中间的牌匾，表明了建筑物的类型、功能、特点等。

培厚堂匾

【款识】

光绪二十一年冬月，黄英镇书。

【释义】

培：意为培养，在根或底部加土。

厚：原义是指扁平物体上下两面的距离，或者指其距离大，引申为深厚、宽厚、淳厚等。在我国古代，一直把人是否忠厚当作衡量其道德的准则之一，认为是一种应有的品德。

燕翼围匾（杨村镇燕翼围）

燕翼围匾（杨村镇燕翼围）

【释义】

燕翼：本义为燕子的翅膀，谓使子孙后代安吉。出自《诗·大雅·文王有声》："丰水有芑，武王岂不仕？诒厥孙谋，以燕翼子。"

忠恕门第匾（桃江乡曾屋围）

【释义】

忠恕：忠诚、宽恕，儒家的一种道德规范。语出《论语·里仁》："夫子之道，忠恕而已矣。"忠，谓尽心为人；恕，谓推己及人。忠者，心无二心，意无二意之谓，恕者，了己了人，明始明终之意。曾汝召的族弟曾汝宫、侄子曾世璋、曾世迪等都是龙南读书人，属于当时的龙南精英，他们在清朝顺治年间，随龙南知县吕应夏前往龙南黄沙，在剿除刘耀中的民乱中，死于军中，祀于龙南忠义祠。

河涧堂匾（龙南市博物馆）

河涧堂匾（龙南市博物馆馆藏）

【释义】

河间郡：西汉置郡。在今天的河北省中部河间市。

河间堂：詹姓的郡望堂号，其中詹姓的主要堂号还有"奎光堂""洁身堂""继述堂""敦复堂""永思堂""墩崇堂"等。亦为凌姓的郡望堂号，凌姓堂号主要为"河间堂"和"渤海堂"，还有"云龙堂""半部堂"等。

太史第匾（龙南市城区）

【释义】

太史第，是封建时代朝廷太史官员的宅邸。太史，官职名。明、清两代，太史令所在的衙门称作钦天监。修史之事，则归于翰林院。因此，清朝的翰林学士亦有"太史"之称。翰林学士的故宅，就顺理成章地被称为"太史第"。

新大围匾额

水围匾（渡江镇新大水围）

【释义】

新大围有人称新大新围仔，因西临桃江河，也有人称水围。

炮　楼

说起龙南，客家围屋便是名片。那么，龙南客家围屋的名片又是什么呢？笔者认为，非炮楼莫属。

关西镇关西新围炮楼

在葱郁的山间，或在城市穿梭，或行走在阡陌，对于客家围屋的印象，都是从炮楼开始。一座高耸的炮楼，如刚毅的战士，如山海的路标，伫立在那里。

四角楼围屋，分布于赣南、粤东北和闽西，相互之间有着渊源传承关系，更突出其防御功能。四角楼围屋的主要特点是方形围屋四角加建炮楼（也称炮角、碉楼）。四角楼的围屋外形和内部结构变化多端，粤东、粤北、赣南等地又各有各自的特点。

粤东四角楼一般中轴为堂屋，以三堂居多，左右横屋和上堂外墙相连成围，四角建高出横屋和堂屋一至二层，即二至三层的炮楼，炮楼凸出檐墙一米多。粤北和河源的四角楼更富于变化，除炮楼顶装饰呈各种锅耳状外，有带二碉楼、四碉楼、六碉楼或八个碉楼和一望楼者。

关西镇圳下围炮楼

　　赣南客家围屋以方形四角楼围屋为主，关西新围、渔仔潭围、沙坝围、猫柜围就是典型代表。

　　《赣南客家围屋保护条例》给赣南客家围屋的定义，是指历史上赣南居民为聚族而居建设的四面围合、有防御性设施的民居。显然，"四面围合"和"防御性"是赣南客家围屋的标识，如果说"四面围合"主要指围墙和外墙的话，那么最能体现防御性的最典型的设施便是炮楼了。炮楼是客家围屋有别于其他民居建筑的重要特征。炮楼，如同赣南客家围屋的守护神，坚守着这片土地和居住在里面的人们。这些炮楼高大、坚固，墙上布满了枪眼和炮孔，仿佛在诉说着过去战火纷飞的岁月。

　　从防御功能上看，客家围屋的炮楼是赣南客家围屋最具有防御功能的特色建筑。为了便于警戒和打击敌人，炮楼通常建于围屋的四角或周围，高度多为三至四层。早期围屋先有房，后围墙，再加盖炮楼，所以炮楼位置选择没有定式，往往设置在路口或转角处，因势而建、因地而建，扼守险要地段，使防御功能最大化。中后期形制成熟的围屋，炮楼通常立于方形围屋的四角，炮楼墙体较围墙凸出0.8～2米，同时也高出围屋主体。这些炮楼形式多样，不仅建在四角，有的还建在墙段中间，功能类似城墙的"马面"。还有一些炮楼不落地，悬空横挑在围屋四角。也有的在四角炮楼上，再抹角建一单体小碉楼，从而

龙南镇烟园老围炮楼

最大限度消灭防卫死角。

南亨乡永昌围炮楼

从建筑布局上看，在经典的方形赣南客家围屋中，如关西新围，炮楼会建在平面呈方形围屋的四角，与高高的围墙相连，围墙上还有走马廊相通，使防御的通达性和便捷性提升，形成了一道独特的景观，这是经典的布局方式。客家围屋从初创、形成到成熟经历了数百年，形式也不止于这一种。有的炮楼随围屋外墙砌筑，与围墙如同一体。有的炮楼独立于围屋存在，如同"炮台""碉堡"一样，它不作为居民日常的生活聚居之地，只是遇到寇盗侵犯时才会起到临时避居或避难的防御所，因此这类独立的炮楼，其附近或紧挨着就有客家屋场或大屋式民居。

桃江乡龙光围炮楼

从结构特色上看，炮楼的结构设计考虑了实用性和防御性，例如葫芦形和"I"字形的外窗，内宽外狭的瞭望孔和枪眼等，既方便观察外界情况，也便于进行防守。构筑上基本上都是砖石和土木混合结构。通常炮楼的墙体是以砖石为主，用材、厚度、高度都是围屋中最为突出的，基本不使用强度和硬度偏弱土坯砖，即使使用，也是用在炮楼的顶部墙面，减少直接冲击的机会。有些还使用更为坚固的条石为主要材料，增强防御强度。炮楼通常与围屋外墙相连，形成围闭的形态。

从地区差异上看，在不同地区的客家围屋中，炮楼的数量和形式可能有所不同。在赣南地区，有的围屋除了常见的四座炮楼外，也有三个、五个、六个，甚至十二座炮楼的设计，风格多样。屋顶形式除临近定南县的汶龙镇有少量悬山顶炮楼外，龙南全境屋顶形式大部分都是硬山式。还有些处于不同历史时期的加建、加高、修缮等需要，屋顶形式会出现"混搭"的情况。

炮楼，作为围屋的重要组成部分，不仅具有防御功能，它和围屋的外墙一起将围内的祠堂、房间、院落围合成一座壁垒森严的整体，抵御着墙外的纷扰，聚拢着家族的安宁和兴旺，它也是客家人智慧和勇气的象征。走上炮楼，从望孔里，你可以看到远处连绵起伏的山峦和生机勃勃的田野，你可以看到客家人辛勤劳作的成果和坚韧不屈的精神，你也可以看到时光变迁后的山林郁郁葱葱、城乡的日新月异和古城的变化

武当镇新屋围炮楼

万千。

　　对于那些曾经生活在这里的客家人来说，围屋和炮楼不仅是他们的家园，更是他们心灵的寄托和精神的支柱。在未来的岁月里，愿这些客家围屋、这些炮楼能够继续屹立在这片土地上，见证着社会的进步和发展。

屋 顶

一个人，最让你记忆深刻和辨别差异的，是哪个部位？我想，头和脸自然是首选。

一座房，最让你印象深刻和辨别差异的，是哪个部分？我想，外立面、颜色、造型、体量……对于现代建筑而言，确实如此，你可以从很多个面去区分它，但对于中国传统建筑，屋顶或许会成为一个重要选项。

我们把一座房子比喻成一个人，那屋顶就相当于帽子、冠冕。帽子最原始的作用自然是用来遮阳、挡雨和保暖，慢慢地就成为地位的象征、战斗的工具和时尚的用品。传统建筑的屋顶，最初也只是功能需要，需要挡雨、排除积水，后来就有了装饰作用，并逐步变成了等级的象征。

其一，屋顶可以遮风挡雨，满足人们最原始的居住需求。屋顶作为建筑的主要元素，是建筑物最上层与室外分隔的外围护构件，可以起到抵御雨雪、防寒隔热以及装饰等作用。一处屋子，它可以没有墙壁，起码还是亭、廊，但它绝对不能没有屋顶，如果那样，就叫断壁残垣了。

其二，屋顶的搭建在中国传统建筑当中属于最复杂、最讲究功夫的环节，为了搭出一个完美的屋顶，古人会花掉大部分的精力。屋顶瓦形坡纹柔和，铺在屋面上给人以美观亲切之感。宋代秦观曾在《春日》一诗中言："一夕轻雷万落丝，霁光浮瓦碧参差。"那远远伸出的屋檐、优美韧劲的屋檐曲线、稍有反曲的屋面、微微起翘的屋角以及众多屋顶形式的变化，加上多样的瓦面色彩，独特而强烈的视觉效果和艺术感染力油然而生。

其三，在"温良恭俭让、仁义礼智信"的熏陶下，屋顶的形制与礼制结合，逐渐成为一座房屋最显著的部分，成为权力、地位的象征，自然而然需要高度重视、费尽心思来对待，如同皇帝的冠冕，有讲究、有规矩、有变化、有等级，是中国古代建筑最富有艺术魅力的组成部分之一，是建筑的冠冕。

梁思成先生曾经充满自豪地讴歌中国古建筑（主要指官式礼制建筑）的屋顶，认为屋顶是"中国建筑中最显著、最重要、庄严无比、美丽无比的一部分。瓦坡的曲面，翼状起翘的檐角，檐前部的'飞椽'和承托出檐的斗拱，给予中国建筑以特殊风格和无可比拟的杰出姿态"。

围屋类民居，是中国传统民居的代表之一，因其首要功能是防卫，注重实用、耐用，绝大多数赣南围屋建筑瓦面，是以"两倒水""四水归堂"为主，给人一种硬朗之感。

瓦面基本上是盖小青瓦。传统小青瓦一头宽、一头窄，大致尺寸为 17cm×15cm×15cm，冷摊在桷仔上，盖瓦的传统要求是"搭七留三"。桷仔则自中间往两边间距直接钉在檩条上。屋脊主要用砖瓦筑成，最常见的做法是以砖压底，用小青瓦竖砌干摆装饰，以预留日后捡瓦时备用，故俗称"子孙瓦"。"冷摊"的优点是透气、易做易修，缺点是保暖隔热差、易坏易漏，因此，富贵人家常用望砖（轻薄砖）和望板（板条）顺屋面坡再做个假屋顶，既可装饰又可保暖隔热。

一般在屋脊的两端和正中，会用砖瓦加灰塑做些造型装饰。正脊之中的装饰叫"中墩"，常见的只用砖瓦拼构一些通透纹饰；两端则多用砖瓦或铁艺做骨筋，表面用膏灰雕塑高高翘起的装饰物，主要是一些寓意吉祥的动植物。

赣南围屋外围房屋和炮楼，主要以硬山顶为主，定南是个例外，包括与定南相邻的龙南汶龙镇，有许多悬山顶围屋。

檐口及其挑檐，是围屋民居的主要装饰点之一，也最易损坏。赣南客家围屋内部房屋主要是悬山顶，因此，前后都会有挑枋、挑梁出檐，于是便产生了单挑、双挑和多挑形式的挑枋装饰，而高级的便用雕花斗拱。檐口，一般的便是叠瓦压边，讲究的（如祠堂建筑）会做滴水、瓦当。

围内独立的房屋如做防火山墙（马头墙），其形式一般是三段式，即所谓"五岳朝天"式，每段均朝两端翘起，形成一段段弯月式弧线。赣南民居基本上取左右对称形式，不同于徽州民居，几乎没有在前、后檐墙上设防火山墙。防火山墙檐口处理，主要是叠涩出挑，檐口下大多饰有一条白灰带，其中用墨线或蓝线装饰或绘画。

歇山顶。歇山顶的等级仅次于庑殿顶，因庑殿顶等级较高，在客家围屋里并未发现此类屋顶。歇山顶由正脊、四条垂脊和四条戗脊组成，故称九脊殿。正脊的前后两坡是整坡，左右两坡是半坡。歇山的两侧坡面也叫"撒头"，歇山的山尖部分称为"小红山"，歇山的山面有搏风板、悬鱼、惹草，是装饰的重点。客家围屋里面没有发现典型的歇山顶，但许多围屋炮楼的样子有些像歇山，又有些像"硬山＋歇山"的组合，但在龙南城区的老城门——向明门，便是一座重檐歇山顶建筑。

硬山顶。是两坡顶的一种，屋面不悬出于山墙之外，硬山的山墙不露出木檩，即所谓"封山下檐"。硬山与悬山不同之处在于，两侧山墙从下到上把檩头全部封住，山墙大多用砖石承重墙并高出屋面。赣南围屋外围多以此类型为典型代表。

悬山顶。又叫"挑山"或"夏两头"，其特点是木檩露出山墙之外，即所谓"出梢"。悬山屋顶一直延伸到山墙外，两侧的山墙凹进屋顶，使顶上檩端伸出墙外。赣南围屋的内屋使用此类型屋顶最为普遍。

攒尖顶。它的特点是无论几个坡面，最后都"攒"在一起，四个方向的坡面在顶部交会于一处。屋面较陡，无正脊，数条垂脊交会于顶部，上再覆以宝顶。多用于面积不太大的建筑屋顶，如塔、亭、阁等。赣南围屋中也不多见，如龙南市杨村镇乌石围南侧有个炮楼就是比较特殊的攒尖顶。

围　门

门的全称为"门户"，双扇为门，单扇为户。

《说文解字》中说，"门，闻也，从二户"，"户，护也，半门曰户"。从功能上来说，门可保护家宅平安，户乃连接内外空间的必经关口。

门是整体建筑的坐落方位的朝向定点，在中国民间，门所产生的风俗、礼仪、传说、神话形成了一系列的门文化。

门就好比建筑物的脸面，从大门可以看出建筑物主人的地位、声望、财富和教养。门面历来为围屋建造人所重视和讲究，既讲究大门装饰性又注重其实用的功能性。

一、门 的 种 类

作为出入的要道，吐纳的气喉，贫富的象征，文化的载体，门早已突破了仅仅作为开阖建筑的狭义范畴。它的形式和内容渗透了中国传统文化的浓重色彩，也体现了古代人民强烈的民族情趣。中国古代建筑的宅门类型很多，大的区分主要有屋宇式大门和随墙式大门，再分细一些，有以下几种：

（一）将军门

将军门，宋式称谓"断砌门"，威武庄严身价不凡。在传统建筑中，将军门并不多见，一般民居没有资格配置。通常用于官府（如巡抚衙门）、王府（如忠王府）、寺庙（如北寺塔报恩寺）、会馆公所（如全晋会馆）这些高等级的建筑。将军门平时不开，遇到重大节日或重要人物来访，紧闭的将军门才开启迎客。

（二）随墙门

古时建筑往往以院落为单位，一所院落通常都拥有独立的围墙。为了方便出入，会在院墙上开设随墙门。随墙门是古代无官的有钱人用的，讲究低调不漏财。

（三）月洞门

中国人喜欢满月，满月在整个循环周期中代表完整或完美，因此人们总是把满月与团圆联系在一起。这种门常用在园林中，有时也采用其他有吉祥含义的图案，如八角形、宝瓶形等。

（四）垂花门

垂花门是四合院中一道很讲究的门，垂花门是指门上檐柱不落地，而是悬于中柱穿枋上，柱上刻有花瓣联（莲）叶等华丽的木雕，以仰面莲花和花簇头为多。

因垂花门的位置在整座宅院的中轴线上，界分内外，建筑华丽，所以，垂花门是全宅中最为醒目的地方。

垂花门是内宅与外宅（前院）的分界线和唯一通道。前院与内院用垂花门和院墙相隔。前院，外人可以引到南房会客室，而内院则是自家人生活起居的地方，外人一般不得随便出入，这条规定就连自家的男仆都必须执行。

旧时人们常说的"大门不出，二门不迈"，"二门"即指垂花门。

（五）王府大门

王府大门是中国古建筑的一种屋宇式宅门，等级高于广亮大门、金柱大门等，用于王府，通常有三间一启门和五间三启门两个等级，门上有门钉。

王府大门位于住宅院的中轴线上，而普通四合院的大门则开在东南角。王府大门是屋宇式大门中的最高等级，但在王府中还分有高低的不同。

（六）广亮大门

广亮大门又称广梁大门，古代汉族建筑宅门的一种，是四合院宅门的一种。广亮大门属于屋宇式大门，在等级上仅次于王府大门，高于金柱大门，是具有相当品级的官宦人家采用的宅门形式。清朝时，只有七品以上官员的宅子才可以用。

广亮大门的重要特点是房山有中柱，在中柱上有木制抱框，框内安朱漆大门。门前有半间房的空间，房梁全部暴露在外，因而称"广梁大门"。门扉位于中柱的位置，将门庑均分为二。四个门簪上挂匾，前檐柱上檐檩枋板下装有雀替，后檐柱上装有倒挂楣子。高级的宅门建筑可以露梁、露檩、露柱。

（七）金柱大门

在形制上略低于广亮大门，在规模上，比广亮大门小，门也窄。有的只有半开间。其他方面如大门的构造、屋顶、雕饰等均与广亮大门同，但也是官宦人家采用的宅门形式。

金柱大门与广亮大门的区别主要在于门扉是设在前檐金柱之间，而不是设在中柱之间，并由此得名。

（八）蛮子门

蛮子门是北京四合院的一种屋宇式宅门，形制等级低于广亮大门、金柱大门，高于如意门，是一般商人富户常用的一种宅门形式。

蛮子门是将槛框、余塞、门扉等安装在前檐檐柱间的一种宅门，门扉外面不留容身的空间。其木结构一般采取五檩硬山式，平面有四根柱，柱头置五架梁。宅门、山墙、墀头、戗檐处做砖雕装饰，门枕抱鼓石或圆或方并无定式，门框上有四颗门簪，没有雀替。蛮子门是广亮大门和金柱大门进一步演变出来的又一种形式。

（九）如意门

如意门是古代汉族建筑采用的最为普遍的一种屋宇式宅门，多为一般老百姓所用，等级上低于王府大门、广亮大门、金柱大门、蛮子门，高于墙垣式门。

龙南镇土建背围围门

如意门是在前檐柱间砌墙，在墙的居中部位留一门洞，门洞内装一木门。门口上面的两个门簪迎面多刻"如意"二字，这大概就是如意门名称的由来。

如意门有大小之分。大如意门占一开间，与广亮大门非常相似，都有门洞。而小如意门占半个开间，没有门洞，进门就是内院。

龙南镇月屋围围门

如意门不受等级限制，可以随意装饰，或雕琢得精美华丽，或制作得较为简朴。

二、门的构件

门的构件很多。门本体可分为门框和门扇两部分。门框就是门的边框，木门多为长方形，门框上的横木叫门楣。框内部分叫门扇，也叫门扉，其下端叫下槛，依次为中槛、上槛（门楣）。门上的臼叫连楹，固定于下槛承托门轴的门臼，叫门枕；固定于上槛的为门楹。串联门楣与连楹的构件是门簪，一门二簪。门楣外侧的叫门印，用木头或石料做成立体或平面的圆形、方形、菱形，施之以太极、八卦、吉祥花等图案样式，正面所饰的图案采用浅雕、浮雕等形式。门环，也称门拉，是装在门扇上的拉手，便于敲门、开门和关门。

渡江镇新大新围围门

三、龙南客家围屋的大门

龙南客家围屋的内外门，一般都是双开（正门）或单开（侧门、内门）的实榻门或穿带式板门，较粗犷，只求结实、安全。门楣两侧常设有或方形或圆形的孔洞、石窗或瓦窗，集通风、采光、瞭望于一体。若为富贵人家或祠堂建筑，正门则会进行装饰，如雕饰牌楼式门头、门面，以及精致的门廊、门簪、月梁，设置抱鼓石等，或者贴"门联""门榜"。

　　客家围屋，有坚厚的外墙，耸峙的炮楼，围门变成了唯一的软腹。为了加强围门的防御功能，围屋设计者们可谓费尽了心思。

　　首先，围门的位置多设在居中处，在里仁镇、关西镇一带的围门偏好设在炮楼近角处，使门纳入角堡（炮楼）的监护之下，一旦门破，也有利于围内人组织反击。

　　其次，门墙特别厚，门框由整料巨石制成或由青砖砌筑，一般三重门。第一道为厚实的板门，板门上包钉铁皮，门后再置几道粗大的门杠，任你千斤之力也难以撞开。第二道门是自上而下的闸门，是备紧急情况下才使用的门。第三道门是平时使用的便门。此外，很多围屋在第一道门前还备有一重自门框上伸出的栅栏门，俗称"门插"，以防大白天不逞之徒登堂入室。

　　最后，为防火攻，许多围屋门顶上还设有水漏。除个别特例和少数大围屋外，围门一般只设一处。

关西镇福和围围门

　　从围屋大门的形态来看，客家围屋的大门大致有以下几种形态：

　　围门的形态之一——复式结构门框，外圆内方式。券门也称为"拱券门"。因为砖石的承压能力远超木材，所以多数拱券都采用砖石为原料。券门也就是指用砖石砌成的半圆形或弧形的门洞。这种类型的围门，外门框为石砌或砖砌拱券门框，石砌的拱券一般由5块、7块或9块单数石料砌筑而成；内门框为石砌、砖砌或木制方形门框。整体结构冷峻、威严、素雅、结实、坚固。此类型数量较多。

南亨乡永昌围围门

此类代表有：关西新围、燕翼围、梅树围、上燕围、福和围、莲塘面围、油槽下围、竹园围、珠院围、上马石围、富兴第围、石下新围、永昌围、永龙围、财岭围、岭头围、国阳围、振兴围等。

围门的形态之二——全砖拱券门。围门内外一致，均为砖砌拱券门框。

此类代表有：西昌围、黄竹陂圆围、张屋围、曾屋围、岗紫围、新大新围、马头岭下围、月屋围、沙坝围、渔仔潭围、隘背围、土建背围等，比较常见。

杨村镇燕翼围围门

围门的形态之三——方形门框。围门是单层结构，一般为石砌门框，也有防御功能比较弱的木质门框。

龙南镇烟园老围围门

武当镇德辉第围门

杨村镇集庆围围门

　　此类代表有：烟园老围、烟园围、龙洲上新围、关西田心围、金塘永胜围、武当德辉第、武当坎下围、新都彭屋围等。

　　围门的形态之四——复式结构门框，双拱券门，外圆内圆式。指内外门框均为拱券式弧形门框。此类型较少。

临塘乡竹其居围围门

汶龙镇村头围围门

　　此类代表有：村头围、竹其居围、悠远第。

　　此外，赣南人笃信堪舆，民居受风水文化影响很大。围门往往需要对着远方的"笔架山"、来水。如里仁的沙坝围、果龙新屋围、汶龙黎屋围、夹湖上新围、里仁猫柜围、武当德全围等，围门都是有意做歪，此类现象比较常见。

窗　棂

　　客家围屋，因与生俱来的基因，注定贴满宏伟、高大、坚固、抗争……的标签，但在固围之外，还有那些精巧的木窗棂，一个格子一幅画，一抹晨光一段影，在点缀着粗犷的客家围屋，让固围的围屋有了跃动的旋律，有了优雅的身姿，有了细巧的呼应，因此更加多姿多彩起来。

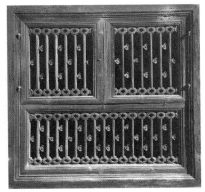

关西新围前厅窗棂　　　　　　　　龙南镇烟园围的支摘窗

　　窗的出现大体可追溯到新石器时期。自人类的祖先从山洞中走出来，在地面上挖穴建屋开始，出于通气、排烟和透光的需要，在屋顶或墙壁上留个洞，便有了最初的窗。

　　在《说文解字》中"窗"从属于"囱"，"在墙曰牖在屋曰囱，象形，凡囱之属皆从囱"，"窗，或从穴"。从这些文字可以看出，今天我们称为窗的装置古时叫作"牖"，就是安装在墙上可以开启的构件，"囱"还有一个从穴的字形，即为"窗"。

"窗"和"囱"，在古时是互通的，均指地穴或房屋上用以通气排烟和透光的空洞。后来，大概是一个"囱"字无法满足这两方面的表达要求，将它的字义分开："囱"字专指烟囱；"窗"字则分走了"囱"字的部分字义，又合并了"牖"，在"囱"上添上一个穴宝盖，正好承担了房屋和洞穴之意，专指今日的窗户。

门窗是建筑的主要构件之一。在等级森严的封建社会，住宅有严格的等级限制。《明史·舆服志四》载："一品二品厅堂五间九架……三品至五品厅堂五间七架……六品至九品厅堂三间七架"，"庶民庐舍……不过三间五架，不许用斗拱、饰彩色。"既然在规格和形制等大木作领域受到严格限制，不得僭越，那么在建筑上，通过门窗等小木作装饰来体现主人的财富和审美品位就再适合不过了。

西昌围
水波纹窗棂

而客家围屋，在宗族经济实力增强、频繁的兵火和盗乱，以及司城、山寨、村围等官民建筑的影响下，因时因势把屋子建成了高大厚重外墙包围着的堡垒，如何在高墙之内、粗犷之中，彰显富贵与审美、地位与情操、庄重与舒适？这份重担，自然落到了小木作的身上。

龙南客家围屋的窗，因防御的需要，外开窗较少，即使开，也是很谨慎地开得又小又结实，窗棂密且粗，基本为直棂窗。砖墙外墙往往是一些预制的小石窗、砖结构窗或铁窗，窗棂有汉文、花格和花格加动物纹等漏窗花式。

实心围屋（常说的"国"字形围屋或以祠堂为中心的府第式围屋），因有多进式的厅堂，朝天井的窗、隔扇门、神龛等，一般都制作有较为精美的木窗棂，格心多为一码三箭、"卍"字纹、套方纹、方格纹、方胜纹、龟背纹、冰裂纹、方格条花心等，高级的也用雕花棂、绦环板雕等，富有的还会进行髹漆描金。这些木窗棂除了围护、隔断、采光等实用性功能外，也毫不例外地增添了许多如仁义礼智信、福禄寿喜财、忠君爱国、孝顺父母、发奋读书、勤俭持家、吉祥动植物象征等审美、教化和祈福的内容，这些雕刻内容不是为了装饰而装饰的摆设，它集中反映围主们的精神追求，是传统文化价值和民族心理定势的物化形式。

杨村白屋围八宝纹石窗　　　　　　　黄沙湾仔围直棂窗

空心围屋（常说的"口"字型围屋）的窗棂，因功能属性大于居住属性，围内窗户大多选用质朴实用的直棂窗。这类直棂窗即使在实心围中，也是大量存在，可以说是每围存在，且数量占比极高。

笔者通过走访、记录、查档等方式，对龙南客家围屋的木窗棂进行了梳理，试图从现存的围屋中找出那些精美的窗棂。

云纹"▢"。云朵高高飘在空中，人们认为云纹寓意着吉祥和高升。另外，云纹图案回环转折，极富变化，是一种比较悦目的图案符号，又可使被装饰之物更加美丽而富有动感，达到极好的艺术效果。

井字纹"▦"。"井"字棂花图案，其形状是对应天空中被古人称为二十八星宿中南方第一宿的井宿。人们选用井字形图案作门窗格心棂花，是将建筑与井宿对应的另一种表示，它代表天上的星宿，是吉祥的象征。同时，它又是一种象形的文字图案与井栏图案。正因为井字形图案有图画般效果，丰富的内涵，是防火的象征，所以被人们选用在建筑的门窗上作装饰图案。

工字纹"▛▜"。门窗格心榤花中的点缀图案榤花，在榤花中起连接作用，它与其他榤花图案一起组成一幅多样式的门窗格心榤花图案。古人认为"工"字的横平竖直象征着人做事是按照正统的传统规矩而行，因此，工字纹也象征人的正直品行。

六角景"⬡"。六角形图案的门窗格心榤花有两种形状，一种是等边六角形图案形式，形成一种六角全锦图；另一种是不等边六角形图案，形状像乌龟背部上的龟纹状，故也被称为龟背锦。正六边形图案有时作为门窗扇格心上的一种点缀图案与其他图案相互组合成为一幅多彩的格心榤花图。六角形图案，有吉祥的象征和进财的寓意。六角形的"六"和代表钱财的"禄"谐音，象征装饰这种门窗格心榤花图案的建筑主人，将会丰衣足食、家财万贯。

亚字纹"田"。亚字图形与古人祭祀有关。商代贵族的墓形就是做成"亚"字形，北京故宫的太和殿台基也是做成"亚"字形的。由此可知，在古代，"亚"字形是极崇高的建筑具有的形状。门窗格心图案中的亚字纹，寓意着这极为尊贵的图形内，住着的主人也同样有着尊贵的地位。此图案起源于远祖对太阳的崇拜，是极为高贵的象征。

花结纹"❀"。"花结"图案门窗格心榤花，是大地上，水面上，一年四季万紫千红、五彩缤纷、群花争艳的象征符号，是门窗格心榤花中的一种点缀榤花图案，它通常装饰在门窗格心的四周，在榤花中起连接的作用，往往与其他榤花样式一道，组成一幅多样式的门窗格心榤花图案。该榤花是由抽象的无数花朵形状连接成条状，称为花结。花结图案婀娜多姿，内涵美好，象征吉祥。

盘长纹"◈"。该样式榤花图案像一根线条反顺各三次相交后，形成周边有 6 个斜方格，中心有 4 个斜方格，共计 10 个斜方格的图案。

而这个线条看不到起点也看不到终点，故称为盘长。它往往与其他棂花一起组成一幅多样式的棂花图案。盘长图案是佛教八种吉祥物之一，又以其无穷无尽的盘绕象征着长生，同时也被认为是一种幸运盘。因此，选用盘长样式棂花，寓意门前有佛家宝物避邪，又象征主人的寿命能像盘长一样长。

龙南镇烟园围冰裂纹窗棂

冰裂纹"　"。该图案象征坚冰出现裂纹开始消融，寒冬已过，大地回春，万物开始复苏，寓意美好的愿望即将会实现。冰纹图案的形状无一定规则，是一种千变万化的自然裂纹，它与规整的图案形成鲜明的对比反差，是一种自然和谐美的符号。

梅花纹"　"。梅花图案门窗格心棂花，是一种规整的五瓣梅花图锦，是象形图案样式。该棂花可作为整幅棂花的主体图，也可作辅助图案。梅花图案形状美丽迷人，寓意冬去春来，普天之下将是一片生机盎然，象征君子之德。梅能千年生长，每年照常开花，象征长寿，象征青春常在。

方格纹"　"。又称网格纹，民间俗称豆腐格。网络纹图案在5000年前出现，从早期陶器上发展到建筑门窗扇上，说明它有很强的生命力。网，是原始先民获取食品，进一步取得财物的主要依靠之一，故而网也有招财进宝之寓意。网是捕鱼的工具，"鱼"又同"余"同音，所以网也有剩余的寓意。网格纹的各个正方形孔洞又代表了处处正直之意。因此，网格纹作为门窗格心棂花出现建筑上，就寓意建筑的主人，期望招财进宝，财富有余有剩，并且还表示主人富有却又很正直。

龙南镇烟园围方格纹窗棂

风车纹"　"。"风车纹"门窗格心棂花是一种风车轮形状的图案，是天地之间的流动空气的象征符号。风车接受风力并转换成动力，供人们生产之用，也就成为人们得到财富的一种具象物体，象征着财富源泉是没有终止的。

八角景"　"。是门窗格心棂花中的八角形图案。不等边八角样式棂花可以使房内得到较大的采光面积，等边八角形样式棂花可使门窗格心上得到一片规则的八角

烟园围的万字和风车纹窗棂

锦效果。"八"字有很多吉祥喜庆的内涵和寓意，既是很多神秘的大自然现象的象征，又有美丽实用的装饰效果。

龙南镇烟园围八角景满洲窗

　　龟背锦"＂。"龟背锦"图案门窗格心榻花是江河湖海里生长的乌龟背壳象形图案，是宇宙中神灵使者的象征符号。我国古代传说，龟与龙、凤、麟合称"四灵"。龙能变化，凤知治乱，龟兆吉凶，麟性仁厚。龟纹门窗格心图案不仅图案规整美丽，而且寓意健康长寿，无灾平安，能得到镇守北方的玄武神的保护。

　　套方纹"＂。是由四个直角套在一个四方形的四角后形成的一组大小四方形重叠的图案，它与方胜纹的区别是，套方纹是以四方形套四方形，方胜纹是菱形套菱形。套方纹样式的榻花图案有四方形、十字、八角等图案所含有的吉祥寓意。

龙南镇月屋围套方纹窗榻

龙南镇烟园围万字纹石窗

方胜纹 "◈◈"。是由两个菱形压角相叠组成的图案或纹样。"胜"原为古代汉族神话中"西王母"所戴的饰物。方胜纹是汉族传统寓意纹样，它以高度抽象概括的样式化、程序化和规范化的艺术形式，展露出独特的个性和趣味，成为明清时期最具特色而又广泛流传的几何装饰纹样之一。

万字纹 "卐"。万字纹是中国传统纹饰，纹饰写成"卍"，为逆时针方向。"卍"字在梵文中意为"吉祥之所集"，佛教认为它是释迦牟尼胸部所现的瑞相，有吉祥、万福和万寿之意，武周长寿二年（693）采用汉字，读作"万"。用"卍"字四端向外延伸，又可演化成各种锦纹，这种连锁花纹常用来寓意绵长不断和万福万寿不断头之意。"卍"字符由简到繁、由单到双，字符四端纵横伸延，互相衔接，形成的纹图，称"万字锦""长脚万字"。藏传佛教寺院建筑物的窗墙、门格、梁头上常常刻有这样连缀而成的"卍"字符，民间的门窗图案也有"卍"或者"卐"字符的变体，即取此"富贵不断头"的意思。

一码三箭 "▦"。直棂窗棂花的一种，为明清宫殿的次要房屋（如库、厨）常用。图案是由三根横棂条组成一组，共三组分别与直棂条的上中下三处相交，而组成一幅几何图案。该棂花的直棂条、横棂条均细而长，似长箭一样，又因其图案的形象似箭插在箭囊之上，故称一码三箭。中国道家称"道生一，一生二，二生三，三生万物"，只要有天地人这三种的存在就会造就出万事万物。该样式门窗格心象征无穷无尽的长箭悬在门窗上，一是可以避除邪恶的侵扰；二是显示有取之不尽的、象征天的力量的武器在此，是

渡江镇象塘新屋围
一码三箭纹窗棂

何等威风，谁敢来侵犯；三是箭可以捕取很多猎物，是谋取财富的保证。

红岩村烟园围十字如意纹窗棂

十字样式棂花"⊕"。十字格心棂花图案象征大地上的经纬线，寓意为大地宽广。"十"字的一横代表东西，一竖代表南北，两者相加则代表了东西南北四个方位。十字样式门窗格心棂花的形状就是人们生活中不可缺少的表示方位的图案符号。现保存的明清建筑门窗格心棂花图案中有十字如意，十字海棠，十字花、四方间十字等，这些十字形纹样都作为一种点缀图案，起到一种转换连接的作用，又是一种文字图案。

石 作

自人类诞生后，就与石头结下不解之缘。

里仁镇刘华邱围墁地铜钱纹

随着铜矿石和各种金属的发现，更为锋利和坚固的金属器具开始进入人类历史，石器渐渐退出了人们的生产活动。青铜时代和铁器时代的来临，非但没有割裂人类与石头的缘分，反而使人们对石头的兴趣愈加强烈。

看待石头，起码有三层认知：一是物质生命，万年沉积诞生于地球之表，苍古而悠久；二是功效使命，练就十八般武艺，以各种形态陪伴人类文明历程；三是艺术升华，被人拾取欣赏于心神之间，赋予文化之内涵、情趣之寄托。第一层属自然之功，第二层是使命担当，第三层乃文人之趣。就像"看山是山，看山不是山，看山还是山"的哲理境界。

石头，除了作为建筑构件外，还成为人类艺术创作的对象和心灵追求的寄托。石刻，因此应运而生。

杨村镇燕翼围石制传声筒

石刻是造型艺术中的一个重要门类，埃及狮身人面像、印度凯拉萨神庙、约旦佩特拉城、敦煌莫高窟、意大利马特拉古石城、柬埔寨巴戎寺，古代艺术家和匠师们广泛地运用圆雕、浮雕、透雕、减地平雕、线刻等各种技法创造出众多风格各异、生动多姿的石刻艺术品。

中国古代的石刻同样也是一个相当丰富的文化宝藏。它的历史悠久、品种繁多、数量浩大，分布范围更是十分广泛。

中国古人把心灵的寄托和艺术创作有意识地在岩石上进行有意义的刻画，把信仰追求、历史事件和美好祝福，纷纷篆刻在石头上，也使得石头成为历史文化的重要载体。几乎可以说自先秦以来，无石不刻，无地不刻。从泰山石刻到西安碑林，从安徽古民居的石刻到江西乡村祠堂门口的功名石，从云冈石窟到大足石刻，从乐山大佛到屡见不鲜的摩崖石刻，洋洋大观，不一而足。

如此坚硬的石头，要雕凿出需要的造型和图案，自然需要费一些功夫。在石雕手法上，主要有神龛式、高浮雕、浅浮雕、线刻、镂空式等几种形式。古代的官方"技术标准"——宋《营造法式》就把石料加工分为六道工序：

①打剥——凿掉大的突出部分；

②搏——凿掉小的突出部分；

③细漉——基本凿平；

④棱——边棱凿整齐方正；

⑤斫砟——用斧錾平；

⑥磨——用水砂磨去斫痕。

通过这六步，把石料凿刻成人们想要的样子。

在赣南，在客家围屋里，同样留下了许多石刻遗存，它们宏大而精致，方正而清秀。以下列举若干为例。

桃江乡龙光围门匾

杨村镇晋贤围门匾

门匾。悬挂于门屏上作装饰之用，反映建筑物名称和性质。在龙南客家围屋里，使用整石镶嵌和雕刻的门匾占比不高，比较有代表性的有桃江乡的龙光围和杨村镇的晋贤围。

门饰。比较常见的主要是石质门框上雕琢的门簪、门枕石和拱券等部件，龙南围屋中石质门饰比较常见。石质门簪都为装饰性存在，在门梁上雕刻成门簪的样子，图案主要用"乾、坤"二卦的样式。

关西镇关西新围的门框

门枕石。也称门鼓石、门鼓子，用于宅院的大门内，是一种装饰性的石雕小品。门枕石可分为两类：一类是方形的，称方鼓子，又称"幞头鼓子"；另一类为圆形，称"圆鼓子"，由于圆鼓子做法比较难，因此比方鼓子显得讲究一些。门枕石在围屋的正厅大门通常使用。

拱券。石拱券多见于砖石结构，如石桥、无梁殿形式的大门或庙宇山门等。在龙南围屋中拱券主要体现在围门上。石拱券大多为半圆拱券形式，这种形式分为三种：锅底拱券、圆顶拱券、圜拱券。

龙南镇老屋下围石拱券门

石兽。比较常见的是石狮。石狮子被视为吉祥之物，但在龙南围屋摆设不多。古代官衙、寺庙、富人之家的门前都放置一对石狮子，以镇守家宅。直到近代，许多建筑物门前放置石狮守护房屋和庭院的传统并未消失。门口放置石狮的习俗大概是唐宋以后形成的。据程张先生《元代石狮趣谈》考证，唐朝都城居民大多居

关西镇关西新围的石狮

住在"坊"里,这是一种由政府划定的有围墙、有坊门便于防火防盗的住宅区,其坊门多做成牌坊,上面写有坊名。每根坊柱的脚上都夹有一对大石头,可以防风防震。工匠们在大石头上雕刻出狮子、独角兽、海兽等动物,既美观又具有吉祥如意的寓意。这就是用石狮等瑞兽守门的雏形。后来,一些富裕家庭为了提升自己的声誉,将原坊门的样式简化,改造成门楼,门楼仿照坊门,将石狮子等吉祥动物雕刻在柱石上,这种风气被保留下来,并成为一种习俗。关于这一习俗,在记载元朝地方风俗的《析津志辑佚·风俗》一文中,有明确的记载:"都中显宦硕税之家,解库门首,多以生铁铸狮子,左右门外连座,或以白石凿成,亦如上放顿。"这是关于守门石狮子最早、最详细、最确凿的记载。

须弥座。一种侧面上下凸出,中间凹入的台基,由佛座逐渐演变而来。"须弥"二字,为 Sumeru 的音译,见于佛经,本是山名。佛经中以须弥山为圣山,故佛座亦称"须弥座"。

柱础。清代称为柱顶石,是放置在柱下的石制构件,为扩大柱下承压面及木柱防潮而设。为了防潮,南方各地的柱础较高。在龙南,不论是客家围屋里的厅堂还是其他大屋和祠堂,各类型柱础比较常见,形式多样,雕饰花纹丰富,成为重点装饰的部位。

里仁镇大榴围的柱础

里仁镇栗园围柱础上八宝暗八仙

　　石柱。中国传统建筑为木构建筑骨架，一般使用木柱支撑房屋，后来，具有防尘防蚁、坚固耐用功能的石柱也广泛使用，围屋祠堂门口石柱或者是祠堂厅内的石柱较为常见。石柱常见的有方形、圆形、六角形、八角形等，柱身上一般雕刻有装饰纹样，采用的雕刻手法有阴刻纹、浅浮雕、高浮雕、透雕等。

　　石井。石井的井口一般是平砌石块或整石雕凿。客家围屋视围屋大小，围内必设有一至两口水井，以备不时之需。

　　石铺地面。指采用石板、石块、鹅卵石等材质所铺设的地面。一般有方砖石板铺地、虎皮石铺地、鹅卵石铺地、海墁条石地面，围屋主人习惯根据需要编铺出吉祥的图案。

里仁镇栗园围的石柱

关西镇关西新围天井石制排水口

杨村镇新屋围石墙

　　石墙。即石砌墙体，在围屋建筑中主要有条石砌筑、卵石砌筑两种类型。条石砌筑是经过加工的规格料石（长度一般可较灵活），其表面可经或粗或细加工，砌筑时可铺灰，也可采用干背山的砌法，龙南比较典型的是龙光围，墙身全部采用条石砌筑。卵石砌筑，这种类型的墙体是用较大的卵形石砾砌筑，具有强烈的民间风格，在武当镇岗上围屋群、龙南镇杨坊片区等区域比较多见。

　　台阶。在建筑物入口处，不同标高地面之间设置的踏步，俗称"阶脚"，按做法可分为踏跺和礓磙。

里仁镇栗园围的功名石

临塘乡盆型围的功名石

　　记事碑。中国的碑文历史源远流长，在历史长河中衍生出来多种碑文，记事碑就是其中之一，这类碑意在存真。龙南围屋比较常见的一般是功德碑、重修记等记事碑。比较特殊的是武当田心围的，把规范围屋使用等"村规民约"事项进行碑记。

　　功名石。也称为"旗杆石""夹杆石"，古代是用来标榜身份、光宗耀祖的。明清一代，凡家人或族人考中了功名，必在宗祠门口树立大旗，青史留名，光宗耀祖。用来树大旗的旗杆石则被认为是古代进士、举人的"荣誉证书"，是我国古代科举制度的标志和产物，是封建社会科举功名的象征。

武当镇田心围记事石碑

杨村镇新围仔围石敢当

石敢当。旧时民间以为在朝着巷口或为巷陌桥道要冲的家居正门前，立一小石碑，上刻"石敢当"或"泰山石敢当"三字，即可禁压不祥。在龙南杨村太平古镇可以发现多处石敢当。

除了以上所述，大量散布在民间的是实用石刻，饮水槽、花坛、石锁、桌椅、栏杆等，造型简练，活泼精巧，也为更多的老百姓和官绅所喜爱，因此得以流传更为广泛并将得到越来越足够的重视和传承。

　　玉不琢不成器。一块自然界的普通石头，经过精心雕琢，登堂入室后，演变成为一个承载栋梁、寄托情感、蕴含艺术的角色，是人们赋予了这些没有生物学生命的石头以灵魂，用比喻、寄托、蕴藏、含蓄、寓意等方法，让石头具有了意义和品格，成为厅堂下、门面旁、禾坪上永远的丰碑。

画里画外

闲庭信步在古城的巷陌，在"围"美的大地寻幽访胜？

是的，不仅是82％的绿水青山，不仅是70％的围屋古迹，不仅是40余方摩崖石刻，还有一处细微的美——吉祥图画，值得我们去发现。

吉祥，是中国人千百年来最为熟悉的字眼，更是人们始终如一的追求与向往。早在先秦，《周易·系辞下》已有"吉事有祥"的记载。《庄子·人间世》中出现了"吉祥"一词。人们对幸福、美满之事及反映喜庆的征兆历来有着特别的期待，于是，逐步形成了丰富多彩的吉祥文化。

栗园围额枋南极仙翁寿仙老人木雕

人们常说："一图抵万言""百闻不如一见"，我们从传统古建筑中那威武的门神、精致的藻井、厚重的梁枋、婀娜的灰塑、五彩的绘画中，仿佛可以回到那个时空，在一幅幅精美的吉祥图案中去领会那个时代的梦想与追求。

中华传统吉祥图案早在商周已经出现，历经秦皇汉武、唐宗宋祖的漫长历史发展，到明清时期达到鼎盛，遍及社会各阶层、生活各方面。

在原始氏族社会时期就受到人们崇拜的鱼、鸟、谷、稻等动植物，很早就作为吉祥图案的表现内容。

西昌围祠堂门门神彩绘

西昌围宗祠天花百鸟朝凤彩绘

中华传统吉祥图案在中国的民间美术当中非常具有代表性，它冲破了工艺材料局限，冲破了地域局限，同时也冲破了时间局限，在民间美术和工艺美术创作发展中意义重大。

传统吉祥图案表现题材上，相当广泛。如喜庆幸福、美满祯祥的主题都包含于其中，山川树林、日月星辰、珍禽异兽、圣贤名将无所不有。

传统吉祥图案内容来源上，包罗万象。有些来源于"四书五经"，如三阳开泰、五福捧寿、三纲五常。有些反映历史事件，如六国封相、红杏尚书、一琴一鹤。有些取自宗教信仰，如风调雨顺、九天同祝。有些出自神话故事，如八仙过海、二龙戏珠。更有一些来自俗谚俚语、名人名言、典章制度、民间习俗，几乎涉及传统文化的方方面面。

烟园老围绦环板喜上梅梢雕刻

传统吉祥图案构成法则上，方式多样。一是善用谐音，充分发挥汉字的语音特点，将同音或近音的字词相互转借，寄托特定的含义，从而构成图案。通过谐音，将描述一般行为事物的话语谐音为吉祥用语，寓意美好的祝福和赞颂。常见的如岁岁（碎碎）平安、年年升高（糕）等。二是喜用象征，运用特定的形象以表现与之相近或相似的抽象概念，主要体现在联想和意会。如以鸳鸯雌雄厮守不离来形容爱情，以石榴、葵花多子寓意家族子孙众多等。三是巧用文字，运用文字构成图案的方法，艺术化处理形成图案。如两汉时期的瓦当文字"长乐未央""万寿无疆"等，被巧妙设计在圆形的纹样中，形成图案。最常见的"寿""福"二字，常常能编成"万寿图""百福图"。

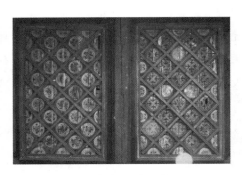

大伦祖祠平暗天花

西昌围雀替喜上眉梢

从建筑上的吉祥图案中，我们仿佛可以窥见客家人质朴无华的风格、务实避虚的精神、反本追远的气质。下面，我们试着从客家龙南围屋里比较常见的吉祥图案中，一起来探寻围主们的心思与寄托吧！

【龙纹】

太史第坨墩枋拐子龙

龙在中国传统文化中是高贵、尊荣的象征，又是幸运与成功的标志。龙，中国古代神话中的动物，为鳞虫之长，是中华民族的象征之一。相传龙能飞行，善变化，会呼风唤雨等，与凤凰、麒麟等并列为祥瑞，在中国古代主要寓意皇权。《尔雅翼·释龙》中说，龙的"角似鹿、头似驼、眼似兔、项似蛇、腹似蜃、鳞似鱼、爪似鹰、掌似虎、耳似牛"；东汉王充在《论衡》中说，"世俗画龙之象，马首蛇身"；《淮南子》中记载，龙有飞龙、翼龙、蛇龙、蛟龙、蜎龙五种。在中国传统文化中，龙和凤一起出现，寓意着吉祥如意、天下太平。因此，中国古人常常把龙和凤一起使用，表现龙凤呈祥的喜庆寓意。

【凤凰】

凤凰，亦作"凤皇"，是传说中的神鸟，雄的叫"凤"，雌的叫"凰"。其形据《尔雅·释鸟》郭璞注："鸡头、蛇颈、燕颔、龟背、鱼尾、五彩色，高六尺许。"东汉许慎在《说文解字》中说："凤，神鸟也……""出于东方君子之国，翱翔四海之外，过昆仑，饮砥柱，濯羽弱

关西新围雀替凤凰雕刻

水，暮宿风穴，见则天下安宁。"古来有关凤凰的传说故事很多，传统年画中以凤凰为题材的图案运用也较普遍，如百鸟朝凤、丹凤朝阳、龙凤呈祥、凤凰来仪。

【麒麟】

新生大廖屋麒麟吐玉书雕刻

麒麟图是传统吉祥纹样。古称麒麟为仁兽，因其"不履生虫，不折生草"。雄性为麒，雌性为麟，或合而简称为麟，传为祥瑞之物。古称麟、凤、龟、龙为四灵。古代的石雕、泥塑、年画和刺绣等方面都有麒麟形象，作为祥瑞的象征。

麟吐玉书，中国传统吉祥图案，由麒麟、八宝、宝珠组合成图。最早是说孔子诞生时有麒麟降世吐玉书于门前，代表有圣人出世，也具有旺文之意。后来统指家里添丁。

【狮子】

新大新围狮子滚球雕刻

　　狮子作为百兽之王，其威武凶猛、优美健壮的体态令人敬畏，继而崇拜。狮子造型是我国民间喜闻乐见的艺术形象。其实，疆域辽阔、生灵繁盛的中国并不出产狮子。狮子作为外来的瑞兽形象，被吸纳于中国文化中，却成了具有中华民族特色的典型艺术形象而流传于世。

　　狮子以威武吉祥的形象进入中国人的生活，人们希望用狮子威猛的气势降魔驱邪，护法镇宅。古代官职中有太师、少师、太傅、少保，为辅天子之官，故太狮少狮纹样既有仕途顺利又有事事如意的寓意。古人认为狮子不仅可以驱邪纳吉、镇守陵墓，还能预卜洪灾，彰显权贵，所以常用来守卫宫殿村寨、装饰宅门家具，体现出人们祈求平安、显示尊贵的世俗心理。中国工艺美术中的狮子形象介于写实与写意之间，虽然很像真狮子但又不是完整的写照，都是理想化的形象。民间喜庆隆重会典，常有耍狮之戏，以示吉庆祥瑞，如"狮子滚绣球""双狮戏球""太狮少狮""连登太师"等。

【象驮宝瓶】

西昌围天花太平万象彩绘

关西新围门枕石象羊石雕

太平，谓时世安宁和平。《汉书·王莽传上》曰："天下太平，五谷成熟。"温庭筠《长安春晚》诗曰："四方无事太平年。"又指连年丰收。《汉书·食货志上》曰："进业曰登，再登曰平……三登曰太平。"

象，哺乳动物，体高约三米，门齿发达，鼻长筒形，能蜷曲。象寿命长，被人看作瑞兽。象也喻好景象。

宝瓶，传说观世音的净水瓶，亦叫观音瓶，内盛圣水，滴洒能得祥

瑞。"太平有象"也叫"太平景象""喜象升平",形容河清海晏、民康
物阜。

【仙鹤】

西昌围天花仙鹤旋子画

大伦祖祠仙鹤雕刻

古人认为仙鹤端庄高雅,举止有度,象征着清高孤傲、气概超凡,
称其为"羽族之长"。道家之言,鹤曲颈而息,龟潜匿而喑,此其所以为
寿也。鹤又象征长寿,《淮南子·说林训》称"鹤寿千岁"。鹤的体态妍
丽,其寿命可达50~60年,飞行高度可以超过5400米以上,而且能够
边飞边鸣,又以喙、颈、腿"三长",而被人视为具有仙风道骨,赋以长
寿和高升的寓意。受到道家仙学文化的影响,仙鹤的自然形象一步步被
神化,古人将其视为连接凡人与神仙的一条纽带,认为通过仙鹤可将人
的灵魂带到天上成仙,因此有"羽化""驾鹤西归"之说,道士也自称为
羽士,其道服被称为"鹤氅"。有许多道家传说也与仙鹤有关,如道教中
的仙人丁令威、王乔乘鹤飞天成仙,太乙真人、南极仙翁等的坐骑都是
仙鹤。可见,鹤的吉祥寓意在很大程度上受到道教文化的影响,与吉祥、
长寿联系在一起,"鹤发童颜""龟鹤遐龄"等成语皆是此种寓意的体现;
羽化成仙的传说也衍生出高升、高洁的寓意,有超凡脱俗的含义。另一
方面,在中国封建皇权的影响下,仙鹤被赋予了富贵、清正的美好寓意,
具有护卫皇权的功用,如故宫太和殿前屹立的铜鹤。此外,明清两代一

品文官官服补子即为仙鹤，因此鹤也被称为"一品鸟"。在后世逐渐发展完备的吉祥图像中，仙鹤的身影常映眼帘，并与其他吉祥元素组成不同寓意的纹饰与图画，常见的题材多为"云鹤""松鹤""龟鹤""六合同春""群仙献寿"等。

【鱼】

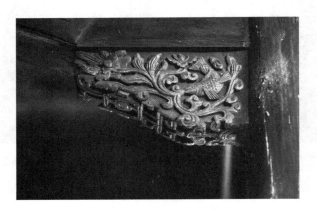

关西新围雀替鱼雕刻

大伦祖祠鱼跃龙门雕刻

从古至今，鱼都是吉祥美好的象征。早在原始社会，鱼就被先民们当作是神物，进而被崇拜。以鱼为原型创作的图案，也早就融入到人们的日常生活中了。而"鲤鱼跳龙门"对应到现实生活中，就是开设科举制度以后，寒门学子高中，从而"平步青云"的变迁。另外，中国还有"望子成龙"的说法，这种思想的根源是对鱼化为龙的期盼，表现了人们对美好事物的期望。鱼还取谐音"余""玉"，"连年有余""金玉满堂"等，都带有美好寓意。

【莲花】

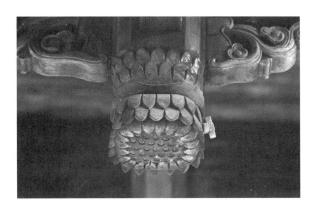

大刘屋垂莲柱

大刘屋莲花坨墩

又名菡萏、芙蓉、芙渠、荷花，是中国传统花卉。《尔雅》中有"荷，芙渠……其实莲"的记载。莲花盛开时花朵较大，结果时可观赏，可食用，叶圆、形突，春秋战国时曾用作饰纹。自佛教传入我国，便以莲花作为佛教标志，代表"净土"，象征"纯洁"，寓意"吉祥"。在吉祥图案中莲花是出现频率极高的题材，如"一品清廉""连年有余""连生贵子""连中三元""连升三级"等主题中都有莲花出现。又因为其名亦作"荷花"，故在"因何得偶""和合二圣""和合如意""鸳鸯戏荷"等主题中成为常见形象。

【万字纹】

也称万字不到头、万字锦、万字拐、万不断、万字曲水等，是中国传统文化中一种具有吉祥意义的几何图案。本为印度宗教符号，中国佛教对"卍"字的翻译也不尽一致，北魏时期的一部经书把它译成"万"字；唐代玄奘等人将它译成"德"字，强调佛的功德无量；唐代女皇帝武则天又把它定为"万"字，意思是集天下一切吉祥功德。"卍"字有两种写法，一种是右旋，一种是左旋。佛家大多认为应以右旋为准，因为佛教以右旋为吉祥，佛家举行各种佛教仪式都是右旋进行的。"万字不到头"利用多个"卍"字联合而成，是一种四方连续图案。其中"万"字，寓意吉祥，"不到头"寓意连绵不断，因此"万字不到头"的意思为吉祥连绵不断、万寿无疆等。"万字不到头"图案作为底纹和花边常用于服饰、器物、建筑等的工艺装饰中。

【寿字纹】

中国传统纹样之一，是以寿字的视觉形象进行艺术化、符号化、图案化后的纹样，是文字纹的一种。寿，折射出人们对生命永恒的渴望。寿字纹可以说是形式较多、应用较广的吉祥纹样之一。在遵循汉字结构的基础上对寿字进行笔画的增减，形成不同的寿字纹。有的变形成横平竖直、线条明朗的几何形态，称方寿纹；有的将寿字的外轮廓变形成圆形，称团寿纹；有的将寿字形态挑高，四个角向外扬起，酷似羊角，称长寿纹。无论如何变形，这些寿字纹的共同点是均匀对称，极具装饰性。

大刘屋寿字纹天花

关西新围柱础寿纹

【卷草纹】

又称为"卷叶纹""卷枝纹"，是中国传统图案之一。多取忍冬、荷花、兰花、牡丹等花草，经处理后作"S"形波状曲线排列，构成连续图案，花草造型大多曲卷圆润，统称卷草纹。

【多子多福】

自古以来，中国人对于繁衍生息、人丁兴旺的生殖现象，比较重视，中国人喜欢以图画表达心愿，因此创造出许多以多子多孙、瓜瓞绵绵为题材的传统吉祥图案。常见的有石榴、葵花、蝙蝠等图案。

关西新围蝙蝠雕刻

【渔樵耕读】

这是民间工艺美术常见题材，取渔夫、樵夫、农人和读书人共作一图，分别以不同的装束及所持工具表明身份，通常是渔夫背鱼篓或扛鱼竿、樵夫背柴草持斧头、农人扛锄头或牵牛、读书人握书卷。"渔耕"联用最早见于《吕氏春秋》，唐代的"渔樵"联用借指隐居或避世的情愫。民间则将"渔樵耕读"联用，意在颂扬太平盛世，人民安居乐业。渔樵耕读是农耕国家具有代表性的职业，富含各尽所能、与世无争的暗示，多见于家具、门窗与建筑的装饰。

赣粤两省的"兄弟"围

在江西赣州拥有客家围屋 500 多座，其中龙南就有 376 座，占整个赣南客家围屋数量的 70% 以上，其中最具代表性的有关西新围、燕翼围、乌石围、栗园围、龙光围、田心围等，风格各异，各具特色。

在相邻的广东，同样也有许多围屋，不仅仅有广为熟知的客家围龙屋，也有许多与赣南围屋形态相似的围屋，特别是在两省交界区域，山水相连，地缘相近，古往今来经贸往来密切，人口迁徙有来有往，围屋的形态或形似，或神似，或地位相似，或品牌相似，一脉相承，不少如同亲兄弟。

笔者通过走访，梳理了两地部分相似的围屋或围村，让我们一起来看看它们的相似之处吧。

一、龙南关西新围 VS 深圳大万世居

（一）关西新围

关西新围位于江西省赣州市龙南市关西镇关西村，始建于清嘉庆三年（1798），于道光七年（1827）竣工，历时 29 年，系关西徐氏族人所建，后人为与其祖辈所建老围（西昌围）区别，称之为"新围"。

关西新围坐西南朝东北，平面呈方形，是方形围屋中的"国"字形代表。面阔 92.2 米，进深 83.5 米，占地面积 7426 平方米，房间 282 间。围墙高约 8 米，墙厚 1 米。围屋四角各建有一座 10 米高的炮楼。关

西新围依山傍水，整体布局良好，集"家、祠、堡"于一体，与大宅配套的还有花园、戏台、书院等建筑。围屋中轴线是祠堂，前后三进，五组并列，是客家地区传颂的"九栋十八厅"的典型建筑。关西新围是国内保存最完整、功能最齐全、工艺最精良、规模最大的方形客家围屋之一，是不可多得的珍贵遗产，具有很高的历史、科学、艺术价值，被誉为"东方的古罗马城堡""汉晋坞堡的活化石"。2001 年 7 月，关西新围被国务院公布为第五批全国重点文物保护单位。2008 年，关西新围被评为国家 AAAA 级旅游景区，并打造成包含客家建筑、民俗、恳亲等为一体的客家博物馆，是 2004 年第 19 届和 2023 年第 32 届世界客属恳亲大会指定参观点。

（二）大万世居

大万世居，又称"大万围"，位于广东省深圳市坪山区大万围村，始建于清乾隆五十六年（1791），为曾氏族人所建，是全国最大且保存最完整的方形客家围屋之一，占地面积 2.5 万平方米，共有房屋 400 余间。

大万世居平面呈方形，四角建有炮楼，正面有大六楼，均为高高的围墙相连，围墙上有走马廊相通。大万世居的内部格局，是由九条大街、十八个天井、八个楼脚，外加四周相互贯通的走马楼串联而成。在大万世居的大街小巷，都是四通八达、南北格局对称。从平面布局来看，大万世居呈长方形，以祠堂、中楼、后楼为中轴线，两侧对称分布两排硬山顶建筑形式的格局和大小一样的二层式房屋。建筑前有禾坪和月池，后有沙墩陂，蓄水、灌溉、防洪三位一体。围墙六米多高，四边合围，周长约 500 米，由三合土夯成，墙顶设走马廊，号称"十阁走马廊"。又有三层高碉楼分布四周，且枪眼广布。2002 年 7 月，大万世居被列为广东省重点文物保护单位，并成立大万世居客家民俗文化博物馆。

二、龙南燕翼围 VS 始兴满堂围

（一）燕翼围

燕翼围位于江西省赣州市龙南市杨村镇杨村圩，始建于清顺治七年（1650），清康熙十六年（1677）完工，历时 27 年，系清初富户赖氏族人所建。

围名取自《诗经》"妥先荣昌，燕翼贻谋"，"燕翼"二字寄深谋远虑、荣昌子孙之愿。围屋坐西南朝东北，面阔 31.8 米，进深 41.5 米，占地面积 1367 平方米，高 4 层 14.3 米，高度为赣南围屋之冠。全围以厅堂为中轴线，四面对称建房共 136 间。

燕翼围布局科学，结构严谨，生活设施完善。燕翼围最大特点是它的防御性，其防御功能在赣南围屋中登峰造极。因其高大固守，又被当地群众俗称为"高守围"。抗日战争时期日本飞机轰炸杨村，炸毁民房 10 间，学校教室 1 间，而燕翼围仅在顶层炸开一个 2.7 米宽的 V 形缺口，墙壁只留下斑斑弹痕，整体却安然无恙，围内人员无一伤亡。2001年 7 月，燕翼围被国务院公布为第五批全国重点文物保护单位。

时至今日，燕翼围已连同周边围屋群整体打造成燕翼围客家文化体验区，作为文化旅游景点迎接八方游客。

（二）满堂围

满堂围，又称满堂客家大围，位于广东省韶关市始兴县隘子镇，为清朝官氏族人所建，始建于清道光十六年（1836），占地面积 13860 平方米。

满堂围是始兴县保存良好的 200 座左右的客家围屋中最完整的一座，也是全广东省最大的一处客家围村之一。满堂客家大围是客家围村建筑中"方围"系列的杰出代表，是广东省规模最大的砖瓦结构围楼，有

"岭南第一围"之誉，是客家民居最有特色的建筑之一。

满堂围建筑布局是北方古代城堡和四合院住宅的组合，集古代、近代客家建筑风格于一体，有较高的科学和艺术价值。1996年11月，满堂围被国务院公布为全国重点文物保护单位。2020年8月，满堂客家大围被评为国家AAAA级旅游景区。

三、龙南龙光围 VS 东源八角楼

（一）龙光围

龙光围，俗称下左坑石围，位于江西省赣州市龙南市桃江乡清源村。为清代谭氏族人所建，该围全部采用麻条石浆砌而成。

龙光围平面呈方形，面阔53.4米，进深47.8米，占地面积约2480平方米，墙高约8.7米，墙厚0.8米。四角有炮楼，各突出一边，各四层，高11.2米。层层开有炮眼，平日可作采光，御敌时作射击枪口之用。四周墙高十米，整座石围仅向西开有一拱形门出入。该围仅有大小两扇围门，正前方中央的围门，宽二米、高三米，门楣上嵌"龙光围"麻石刻字一方。门内分三道护围。双扇木大门，厚十公分，外包铁皮。大门关闭后，八根立柱紧贴门板，立柱后为间板巢，间板从门楼上下吊。右墙后侧向东有一小门，设有关门闸两层护门，门宽1.2米。围内除建有三进三开客家民居特有的正厅偏院结构外，沿围墙也建起一圈两层的房子，整座围屋共有120间可居住使用的房屋。在装饰上大量使用木雕图案，围屋正厅上配以镏金木雕，在围内的门窗上也采用木雕装饰，镶以大量花草图案，充分显示出客家文化艺术的深厚精湛以及客家人对美好生活的向往。

（二）八角楼

八角楼位于广东省河源市东源县康禾镇仙坑村，由叶氏族人所建，

始建于清咸丰十年（1860），历时 16 年建成，占地面积 6308 平方米，是当地规模较大、具有代表性的客家围屋。围屋系方形城堡式的建筑，房角各设一碉楼（俗称四角楼），为确保万无一失抵御敌人又在外围增设双保险的护城墙，四个角再各设一座高 10 米的碉楼，从此方圆百里便诞生了第一座八角楼。护城墙墙体厚约 1.7 米，由于全用坚硬的条形麻石砌成，当地人称其为石楼。2022 年，八角楼被列为省级文物保护单位。

四、龙南田心围 VS 翁源长安围

（一）田心围

田心围位于江西省赣州市龙南市武当镇大坝村田心围小组（105 国道旁），由叶氏族人建于明代晚期。整个围屋坐西朝东，呈盘龙状，以叶氏宗祠"茂松堂"为中心环建 3 圈，是砖石木料结构的封闭式半圆形围屋。田心围面阔 260 米，进深 139 米，围屋本体占地 8000 多平方米，总占地面积约 12000 平方米，由内及外三圈楼房建为 2—4 层，各圈楼房之间有多处巷道相通，外圈楼上下楼层相通，二、三层有走马楼环环相连。外围基墙呈三层砌筑，外以河卵石浆砌，中以土实之，内层砖砌，厚 1 米有余。开设的四门均用麻条石作门框，有厚门页、吊闸、栅栏装置，设炮角五处，周围密布枪眼。大门坪立有两方形麻条石柱，前置一池塘。田心围于 2008 年被龙南县人民政府列为第二批县级文物保护单位。

（二）长安围

长安围位于广东省翁源县江尾镇南塘村湖心坝民居群，由沈氏族人所建，始建于明朝正统年间，整个围屋呈不规则半圆形，前置一池塘，有着 550 多年的历史，占地面积约 5000 平方米。湖心坝民居群是由众多客家群楼组成的一个庞大的姓氏村落，是粤北地区具有代表性的较大规模的客家聚居村落之一。2010 年 5 月 10 日，湖心坝民居群（含长安围、外翰第、大夫第、三门楼）被列入第六批广东省重点文物保护单位。

五、龙南乌石围 VS 龙门鹤湖围

（一）乌石围

乌石围亦称为盘石围，由赖氏族人所建，建于明万历年间。乌石围呈前方后半圆形，既有广东围龙屋特点，又具备赣南围屋的防御设施，在众多风格迥异的客家围屋当中，可以说是独具特色，特别珍贵。围屋占地约4456平方米，围屋正面长约53.78米，至后围圆形底部约63.14米，围墙高约9米，分2～3层楼。围屋正面左右两角对称，建有高达15米的方形炮楼，炮楼的四面墙上分布许多枪眼和炮洞。围屋坚固异常，具有较强的防御能力。2019年10月，龙南乌石围被列入第八批全国重点文物保护单位。

（二）鹤湖围

龙门鹤湖围，又称鹤湖围村，位于广东省惠州市龙门县永汉镇鹤湖村，是惠州市的一座城堡式客家围楼，建于清同治二年（1863），由王氏族人所建。龙门鹤湖围建筑总面阔79米，总进深77米，占地面积约6166平方米。

龙门鹤湖围坐西北向东南，共有108间通廊房。其结构为三堂、四横、一外围、四碉楼、一望楼（后围中间的中心楼）、一斗门。堂横屋单层，外围高二层，碉楼高三层，望楼原高五层，现残存墙体。2019年10月，龙门鹤湖围被列入第八批全国重点文物保护单位。

六、全南雅溪围屋 VS 始兴长围村围屋

(一) 雅溪围屋

雅溪围屋位于江西省赣州市全南县龙源坝镇雅溪村，是赣南客家围屋的佼佼者之一，由陈氏族人所建，始建于清朝光绪年间（约1885），现存有石围和土围两座，总占地面积为1010平方米。

雅溪围屋是客家围屋和客家排屋的混合民居，是省级文物保护单位，属粤北型围屋。

雅溪围屋中，土围呈长方形，高3层，每层有17间房，围长29.8米，宽20.2米，高10.4米，占地面积约800平方米，大门设两层，有防火设备；石围呈正方形，围高12米，占地面积约410平方米，坐东朝西，依山傍水，地下排水系统良好，具有四水归堂的特点，大门用排石条砌成，3层门固如碉堡，4层围屋均为砖木结构，外墙采用三合土与卵石夯筑而成，围墙及碉楼上设有枪眼和瞭望孔。

(二) 长围村围屋

长围村围屋，又称燎原长围，位于广东省韶关市始兴县罗坝镇燎原行政村长围自然村。长围村围屋是长方形结构的客家围屋，建于清咸丰五年（1855），占地面积3265.6平方米。

长围村围屋由围楼、祖堂和民居组成，坐北向南。整座民居为河石瓦木构筑。围内中间天井，二层四周出靠栏。民居青砖瓦木构筑。中间祖堂，三厅二井。两侧民居，二厅四房组合，地面铺薄青砖。整组建筑保存完好，是典型的客家围屋，具有"全国第一长围"美誉，对研究清代客家民居建筑有重要价值。2011年，长围村围屋被列入广东省第三次全国文物普查"十大新发现"。2013年，长围村围屋被列为第七批全国重点文物保护单位。

七、安远尊三围 VS 始兴红围

（一）尊三围

尊三围是一座方形围屋，位于江西省赣州市安远县，清咸丰十一年（1861）由陈步升所建。由四排围楼构成一个封闭式的正方形，窗户设计得极小，四角还有碉楼，易守难攻，如同一座坚固的堡垒。20世纪30年代，该围是当时的乡苏维埃政府驻地。

1933年5月，国民党军陈济棠部对安远一带的苏维埃政权进行"围剿"，敌军用两个团的兵力，对尊三围实施重重包围。当时围内只有赤卫队员和居民200余人，他们依托坚固的围屋，进行顽强抵抗达40天之久。敌人在机枪大炮久攻不克的情况下，又派来飞机助战，也未能奏效。最后，敌军将稻草浸湿后，捆成大草垛，以稻草为盾，并沿着稻草堆爬上屋顶，最终攻入围屋，围内156名乡苏维埃干部、赤卫队员和革命群众，除13个幼儿被卖外，其余全部被杀害。这场战役被称为"尊三围之役"。尊三围在此次战役中被国民党军队夷为平地，一度只剩下一片废墟。2017年11月，安远县人民政府对尊三围进行了修复。2018年3月，尊三围被列入江西省第六批省级文物保护单位。

（二）红围

红围，也叫奠安围，位于广东省韶关市始兴县沈所镇沈北村，始建于清道光年间。围门有三道，外门包铁皮，围墙很厚，用河卵石和青砖砌成，固若金汤。围楼以前共有五层，有96间房子。占地面积约2500平方米。因用石灰、糯米、蜜糖浆砌的石墙，长年日晒雨淋、风雨侵蚀，墙体呈红色，就叫红围了。

红围曾作为中共广东省委、粤北省委机关办公地，为广东抗日战争作出过贡献，有着光荣的红色革命历史。

1940 年春至 1941 年春，时任中共广东省委书记张文彬和省委机关工作人员住在红围的四楼，省委电台设在五楼。1941 年 2 月，粤北省委迁到韶关，省委电台仍然留在红围执行任务，一直到 1945 年夏天，省委机关全部撤出红围。2010 年 5 月，始兴县人民政府对红围墙体进行了维修，对红围周边环境进行了整治。

八、龙南栗园围与东源苏家围

（一）栗园围

栗园围位于江西省赣州市龙南市里仁镇，与赣深高铁龙南东站仅百米之遥，是龙南现存占地面积最大的客家围。与其说它是一座围屋，不如说它更像一个围村。它是李氏族人所建，始建于明弘治十四年（1501），明正德十三年（1518）重新规划扩建，历经 18 年，于嘉靖十五年（1536）竣工，距今有 500 多年历史。整个围屋占地面积 45288 平方米，将鱼塘、水田、晒场、房屋等都圈在围内。围屋集居家、农耕、读书、娱乐为一体，是赣南保存最为完整、最大的村落型围屋，体现了客家人勤劳耕作求生存、刻苦攻读建功业的美好追求。

栗园围经过综合开发利用后，不仅有村落、民宿、田园牧歌，还有情景演绎，融合食、住、行、游、购、娱等功能要素于一体，实现了文化价值与经济价值比翼双飞，居游共享。

（二）苏家围

苏家围位于广东省河源市东源县义合镇，距河源市区约 26 公里，是一个有着 700 多年历史的客家围村。

苏家围是苏东坡后裔聚居地，东江和久社河在它的南面交汇，整个村子山水环绕，绿色相拥，环境优美，有"南中国的画里乡村"的美誉。

苏家围是一个传统的客家府第式建筑群，有 18 座明清时期的古屋，明朝 5 栋，清朝 13 栋。其中，最古老的是为纪念苏东坡而于 1481 年修建的永思堂，又称东山苏公祠。

九、龙南岗上围屋群与和平林寨古村

（一）岗上围屋群

岗上围屋群，位于江西省赣州市龙南市武当镇的大坝村和岗上村，坐落着田心围、河背围、下井围、油槽下围、德辉第围、坎下围、上马石围、珠院围、竹园围、新厅围、永安围、新屋围、岗下围、国阳围、富兴第围等 23 座各具特色的客家围屋，是拥有围屋数量最多的自然村之一。这些围屋形状各异，始建年代从明朝至清朝不等，既汇集了客家的古朴遗风，又彰显了南方地域文化特色。岗上围屋群是建成时间最早的围屋村落之一，是客家风情最浓郁的村落之一，也是客家围屋分布最为集中的村落，被誉为"世界客家第一村"。

（二）林寨古村

林寨古村，位于广东省河源市和平县林寨镇，分为石镇、兴井 2 个自然村，是中国传统村落。古村现存古建筑 280 多幢，主要兴建于清朝、民国时期，总占地面积 3 万多平方米。其中核心区有 24 座较大的四角楼围屋，总建筑面积 183.8 万平方米。每座楼建筑风格独特，楼宇堂皇，雕梁画栋，是客家建筑的集中体现。其中，距今 300 年以上历史的有德基楼、厦镇堂、永贞楼、儒林第、圆桥英俊，200 年以上历史的有司马第、薰南楼、朝议第、恒泰楼、德星第，这些民居建筑现基本保存完整。

十、龙南正桂村 VS 东源南园古村

（一）正桂村

正桂村位于江西赣州市龙南市里仁镇，距龙南市区 6 公里，辖区面积 1.97 平方公里，是一个拥有 500 多年历史的客家传统古村落。近年来，正桂村先后荣获中国传统村落、江西省 AAAA 乡村旅游点、江西省乡村旅游重点村、江西十大醉美乡村之锦绣村、江西省休闲旅游秀美村庄等称号。

正桂村因地制宜，突出特色，以民俗文化、农耕文化为切入点，打造了集"休闲农业＋文化体验＋农村电商＋观光旅游＋休闲度假"于一体，宜农、宜居、宜游、宜文、宜乐、宜养、宜购的生态旅游特色基地。发展了逗留一晚田园民宿、栖一树星空民宿、雅一居乡愁民宿、半隐山岚国风民宿、钱苑后院工业民宿、拾光亲子民宿、花漾年华复古民宿、榕宿怀旧民宿等各具风格的民宿。目前正桂民宿村建成民宿 15 家、房间 108 间，是集旅游观光、休闲度假、客家民俗、农事体验于一体的秀美乡村民宿集聚区。

（二）南园古村

南园古村，又称南园围村，是位于广东省河源市东源县仙塘镇红光村的一处古老客家围村，距河源市区仅 12 公里。南园古村始建于明末终于清初，共有 36 座客家民居古建筑，是河源市现存规模较大、历史悠久、文化底蕴深厚、保存较完好的代表性客家古村落之一。整个古村落是同姓聚居，村民都是"潘氏"一族的后代，较全面地反映了本地区客家人在明清时期的政治、经济、文化概况以及传统风貌、地方特色和民俗风情。

【围　　思】

变迁与消逝

　　许多生活在龙南的人对古老围屋的初印象都是这样——

　　出家门是个巷道，过门槛是厅下，厅下有天井，厅下有两进或三进，分上、中、下厅，上厅有神龛，神龛上摆着祖宗牌位，上面悬挂着自家的堂号，堂号字迹里透着金黄色的亮光。

　　厅门外是一个大禾坪，禾坪外有高大院墙和围门，围门前是月形水塘，两侧高耸着一对炮楼，如门神一般威猛。围外是大片的田野，小河川流而过，林子里鸟语花香，无数次赶着鸭、牵着牛来去，上学放学……

　　记忆中的老屋，都是美好的，留下太多画面供人们回忆。

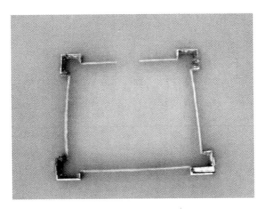

黄沙江背围

　　天晴时，缕缕阳光穿透古老的窗棂，一束一束地映在地上，美丽的线条和光斑像一幅幅精心描绘的画框，装满了岁月；下雨天，绵绵雨丝从瓦角边沿顺下，一绺一绺地落在屋檐下，愉悦地在阶沿下蹦跶起水花，滴答滴答；在昼间，袅袅青烟从灶下飘出，柴火燃烧的烟香中，透着阵阵青板香；在夜幕，黛瓦间的天井上，明月当空，听取蛙声一片。

记忆中的老屋，都是美好的，给人太多温暖让人铭记。

是咕咕嘎嘎群禽的鸣叫，在屋背，在房前，在溪边，在鸡笼鸭舍间；是叽叽喳喳孩童的玩闹，在前坪，在禾场，在巷道，在撒欢的田野里；是热热闹闹节日的相告，在灶下，在屋里，在祠堂，在猜拳的八仙桌上。

记忆中的老屋，都是美好的，遮风挡雨守护户户平安。

那冷峻的高墙，让外面的寒风吹不散里屋的温暖；那坚实的炮角，既观清脚下的沟壑，也眺望远方的路；那刚毅的大门，关闭是守护安然的梦乡，开启是迎接又一个太阳升起。

可总有一些美好要面对岁月沧桑，要面对四散分离，要面对落寞成殇。

很长一段时间里，老围屋变得愈发安静。年轻人为了美好生活的向往，一个一个地走出了围屋，然后在城市、在圩镇安家落户，只有重要时节才会回来，除了讨亲嫁女、红白喜事的烛光和跪拜，再也难以听到"噼噼啪啪"的鞭炮声。祖祖辈辈留下的青砖黛瓦、高墙围楼、天井厅厦渐渐地湮没在落寞的乡村和现代建筑之中，没有了烟火，少了生机。

表 3—1　　　　　　　龙南客家围屋保存现状（2022）

保存状况	完好	基本完好	局部残损	严重残损	仅存遗址	仅存围名
占比（%）	7.09	16.54	32.68	23.23	14.17	6.30

有些人和事，总有自己的发展规律。

人，不会永远年轻健硕；企业，不会总是屹立潮头；科技，总在日新月异。众多老屋，终究也会老，围屋也在历经她的一生，出生—成长—辉煌—落寞—残破—消失。

围屋曾经是家，是故乡，是老屋，是往事，是乡愁，是抹不去的情怀。

表 3-2　　龙南部分乡镇"仅存遗址或围名"的围屋数（2022）

杨村	武当	汶龙	关西	里仁	程龙	东江	夹湖	临塘	南亨
3	6	5	5	9	4	2	15	2	5

作为客家民居的典型代表，赣南客家围屋不仅蕴含着客家文化的深厚精髓，也见证了客家人的历史变迁。不管从文化价值、建筑价值，还是旅游价值，客家围屋都值得保护、利用和发展。这里的一草一木都见证着成长和快乐，这里的一砖一瓦都记录着风雨的过往和时代的变迁。但随着社会的发展，因人为损毁和自然灾害等原因，不少围屋正在慢慢损毁和消亡，如 2019 年 6 月 10 日洪水就造成位于夹湖乡的永兴围全部倒塌，可惜的是这并不是个案。

南亨乡长兴围

客家围屋几乎都是土木或砖木结构，修建年代久远，加之长期以来保护措施不力，风雨侵蚀，蚁虫侵害，大都破烂不堪，且"晴天怕着火，雨天怕倒房"，存在着重大安全隐患。围屋的综合发展环境也不理想，大多数围屋都出现了物质性老化和功能性衰退，围屋在传统与现实中寻找发展突破口的难度很大，围屋历史文化遗产保护与利用工作任重道远。笔者分析围屋难以保护的原因主要有以下几点：

一是保护意识淡，损坏多。围屋保护意识淡薄，无论官方还是民间，都缺乏足够的围屋保护意识，未形成从上到下的立体保护和利用机制。

除了为数不多的围屋被列为各级文物保护单位得到一定保护外，大多围屋处于自生自灭的状态。一些围屋所有人因改善居住条件需要，自行拆除部分围屋重建新屋，用现代工艺和材料修整，墙壁涂鸦刻画，闲置的房屋堆放杂物、圈养牲畜家禽等乱象比比皆是。由于常住人口的不断减少，许多围屋无人居住，围屋内外杂草丛生。受雨水、风霜的侵蚀，白蚁、鼠患的破坏，大多数围屋出现不同程度的掉瓦、漏雨、墙塌现象。

二是情况杂，修缮难。受困于管理机制、资金、技术等方面制约，难以较好维护。围屋产权往往不明晰，包含公共祠堂、空坪、过道和私宅等部分，一个围屋往往涉及几十上百户，官方常常对村民的围屋保护管理感到束手无策，难以介入，使很多围屋得不到及时有效的保护。同时，青壮年外出限制了人力资源，资金充足的居民在城市置业，围屋的居住属性进一步弱化，加剧阻碍了围屋保护修缮工作的推进。

三是数量多，维护缺。龙南围屋数量庞大，长期以来官方对围屋保护修缮经费投入有限，精力主要集中在文保围屋，难以大力度推进整体的、大范围的围屋保护修缮工作。而社会组织与围屋所有人自行组织的围屋修缮情况也不够，没有长期稳定和符合传统工艺要求的修缮保养。此外，官方为主的修缮模式专业性要求较高，所花费的时间、人力、资金成本较高，一些被修缮围屋的产权所有人在这一过程中缺乏发言权，往往是被动接受被动参与，围屋所有人在情感深处缺乏归属感和认同感，亦不同程度增加了保护难度。

改革开放四十多年来，我国已实现了从一个传统的农业社会向现代工业社会转型，现代化浪潮"一波还未平息一波又来侵袭"般，冲击着传统的乡村，给乡村面貌、乡村社会、乡村文化、乡村秩序带来巨大的变化，使其呈现出"千年未有之变局"。

变局之中，工业拓荒，城市扩张，产业升级，人口的迁徙让远方的家乡也在工业化浪潮下变得人去楼空，多多少少会引起百般乡愁在心间。

当然要理解人们复杂的情感投射。农耕文明向工业文明的急速跃迁，乡村人口向城市的大幅迁移，必然会带来两种文明之间的冲突和割裂。

我们应理性看待乡村变迁中蕴含的历史必然。纵观发达国家走过的历程，工业化、城镇化是实现现代化的必由之路，必然伴随着大量乡村人口从农业转移到工业、从乡村走向城市。在这一过程中，有些传统的村落不可避免将走向衰落。即使工业化与城市化浪潮无法回避，但也可以肯定，农村不会消亡，因为那里承载着960万平方公里的生态屏障，十几亿人口的粮食安全，数千年积淀下的文化自信，伟大复兴的战略纵深，所以，它们不仅不能衰亡、不会衰亡，还必须将其建设成为安居乐业的美好家园。

古老的围屋，尽管有的在坍塌，有的在消失，但在新时代里，在觉醒和行动之下，许多老围屋将得到修葺，一些还化身为新经济、新业态，延续着风采。

老树发新芽，迎来又一春。犁锄不再一味沉醉于泥土里的芬芳，倒挂在墙壁上，也依然散发着光芒。

保护与传承

——龙南客家围屋的保护传承与产业发展现状探究

2023 年 6 月 2 日，习近平总书记在文化传承发展座谈会上的讲话中指出："中国文化源远流长，中华文明博大精深。只有全面深入了解中华文明的历史，才能更有效地推动中华优秀传统文化创造性转化、创新性发展，更有力地推进中国特色社会主义文化建设，建设中华民族现代文明。"客家文化是中华优秀传统文化的组成部分，围屋是客家文化的代表性符号，也是经济社会发展的重要资源。习近平总书记作出的一系列在新时代加强文化遗产保护和传承中华优秀传统文化的重要指示，对保护龙南客家围屋和传承客家文化具有重要的指导意义。如何加大围屋的保护力度，并在妥善保护的基础上推进围屋的合理适度利用，使围屋保护成果更多惠及人民群众，是龙南长期面对的重大课题。破解围屋保护修缮资金难题，以产业发展推动围屋保护传承及活化利用，或成破题关键。

20 世纪 80 年代开始，客家文化研究兴起，围屋专题研究至今方兴未艾，围屋研究卓有成效，相关学术成果丰硕。近年来，以龙南为首的赣南客家围屋保护工作日新月异，围屋相关产业发展朝气蓬勃。然而，针对围屋的保护情况与产业发展现状的研究鲜有学者涉及。下面，笔者将从保护与利用两个视角，以龙南围屋作为重点考察对象，来探讨龙南客家围屋的保护传承与围屋周边产业发展。

一、龙南围屋概况与现状

龙南位于江西省最南端，与广东省接壤，建县于南唐保大十一年（953），是客家人重要的聚集地，客家文化积淀深厚，文化生态保存完好。龙南现有客家围屋376座，占赣南客家围屋总数的70％，围屋数量之多，风格之全，保存之完好，属全国之最，是中国民间文艺家协会命名的"中国围屋之乡"，有"世界围屋之都"的美誉。

在两晋至唐宋时期，因战乱饥荒等原因，黄河流域的中原汉人被迫南迁，历经多次大规模迁移，先后来到赣南、闽西、粤北等地，与当地原住民杂处，经过数百年演化最终形成相对稳定的客家民系。客家先民多数聚族而居，为在当时动荡的社会形态下保护族人的生命财产安全，逐步创建起了防御功能极强的客家围屋。

（一）客家围屋概况

客家围屋是中国五大民居特色建筑之一，始见于唐宋，兴盛于明清。现存客家围屋主要分布于赣南和粤东北地区，赣南客家围屋主要分布在龙南、定南、全南（习称"三南"），以及寻乌、安远、会昌、信丰四县的南部，石城、瑞金、于都、宁都、兴国也有零星围屋。客家围屋为围合式建筑布局，墙体以生土、砖石、木材为主要建筑材料，设有凸出的炮楼或炮角，集家、祠、堡三种功能于一身。围屋是客家人的智慧结晶，是客家先民为适应生存环境创设的特色民居建筑，是最典型、最成熟、最具特质的民居建筑之一。它承袭并发展了华夏民居建筑的营造技术与人文精神，具有坚固耐用、内聚性强、生活设施齐全等特点，综合反映了客家人的社会、经济、文化发展概貌以及风俗习惯、伦理道德、价值信仰、审美观念等，文化内涵十分丰富。客家围屋被众多国内外专家誉为东方民居建筑的明珠，世界造型艺术的奇葩。

（二）龙南围屋特点

龙南围屋独具特色，在赣南客家围屋中具有独特的资源禀赋优势和较大的开发利用潜力。

（1）数量之多、绝无仅有。龙南境内保存有围屋 376 座，在一个有限的地域内保存着数量如此之多的客家围屋，在全国绝无仅有。2007 年 10 月，上海大世界基尼斯总部授予龙南"拥有客家围屋最多的县"称号。

（2）历史悠久，得天独厚。龙南保存着年代最早、历史最悠久的客家围屋，距今已有五百多年历史。龙南市杨村镇乌石围、武当镇田心围、关西镇西昌围都是围屋发展初期的典型代表。清代早中期（17—18 世纪），龙南客家围屋的建造逐步走向成熟，基本确立了高度注重防御功能，围墙高大坚固、炮楼凸出的基本结构特点。

（3）突出防御，设计精巧。龙南围屋的防御功能在民居建筑中达到了登峰造极的高度。为防敌人从地下偷掘入墙，围屋四周墙基埋有深达数米的防腐材料——梅花桩；为防止敌人爬上屋面进入围屋，围屋瓦面上布满了用剧毒药水浸泡过的三角铁钉；为防火攻，围屋围门顶上设有注水孔，围内各相应地点，设有消防池和消防缸；为防围内断粮，围内除设有专门的粮仓外，还有用米粉精心制作的米粉砖砌成的假墙作储备粮。为防敌人破墙而入，外墙采用传统干打垒筑的办法，用三合土（石灰、黄泥、沙石混合而成）和熬制后的桐油夯筑而成，外墙不露木头，全部用生铁紧固房梁，铜墙铁壁。

（4）形式多样，各具特色。一是龙南客家围屋形式多样，基本涵盖了客家围屋所有的建筑样式，有方形、圆形、半圆形、不规则形等，其中以方形围屋居多。二是尺度规模跨度大。龙南既有占地面积 45288 平方米的村围栗园围，又有占地面积 7426 平方米的方形围屋关西新围，还有占地面积仅 296 平方米的猫柜围，以及高四层达 14.3 米，数赣南地区最高的围屋燕翼围。三是选材用料类型多。龙南客家围屋建筑选材多种多样，生土、三合土、鹅卵石、块石、条石、青砖、土坯砖以及木材、竹子等建筑材料在龙南客家围屋中均能看到。其中以结实耐用的青砖以及经济实用的土坯砖最为常见。龙光围厚约 0.8 米的外墙及炮楼全部采用大块麻条石浆砌而成，这种极其坚固的墙体在我国民居建筑中较为少见。

（三）龙南客家围屋现状

龙南现存客家围屋 376 座，其中全国重点文物保护单位 3 处，江西省文物保护单位 5 处，赣州市文物保护单位 13 处，龙南市（县级）文物保护单位 21 处。以龙南围屋为主体的赣南围屋成功入选《中国世界文化遗产预备名录》，赣南客家围屋营造技艺列入第四批国家级非物质文化遗产代表性项目名录。

龙南围屋遍布辖区内各个乡镇，尤其以杨村镇（42 处）、里仁镇（42 处）、龙南镇（36 处）等地数量居多、分布集中。

20 世纪 90 年代开始，随着经济社会的发展和城镇化的快速推进，围屋逐渐式微。围屋环境封闭、房间普遍狭小，通风采光条件不佳，难以适应现代居住需求。居民追求舒适宜居的居住空间，陆续选择搬离围屋，空置的围屋缺乏最基本的保养和维护，加速了传统客家围屋建筑残损和衰败。连同围屋一起走向衰败的还有丰富多彩的客家民俗文化，令人遗憾和叹息。龙南围屋保护工作长期面临保护资金不足，产业发展资金匮乏等情况。大量龙南围屋年久失修，格局风貌遭到不同程度的破坏。

二、龙南客家围屋保护与修缮情况

（一）政府直接投入资金保障围屋安全

2010 年 2 月至 2023 年 8 月期间，龙南市政府文物行政主管部门累计投入专项资金 6687.03 万元，组织实施了 26 座（次）围屋的保护修缮（含安防、消防、防雷项目），保证了一批列入文物保护单位的围屋以及交通主干线周边围屋的安全。

政府部门主导，专项资金投入，严格按照文物保护要求实施围屋修缮，有效延续了围屋寿命，保护了文物承载的历史信息，有效留住围屋文化根脉。

（二）国有企业投资以利用促保护

龙南旅发集团等国有平台公司积极投入围屋保护修缮工作。先保护，再利用，以保护为前提，在保护的基础上，将客家围屋打造成景区、酒店、民宿来实施保护和活化利用。采取这种方式对关西围景区、栗园围景区、岗上围屋群景区等重点景区内十余座客家围屋进行了高标准修缮，累计投入资金 6596.55 万元。景区内围屋保护现状得到明显改善。

通过国有企业引领，以项目建设带动围屋修缮，在妥善保护的基础上进行合理适度开发，有效维护了客家围屋的真实性、历史风貌的完整性和社会生活的延续性。

（三）围屋社会保护实现突破性增长

2022—2023 年，为破解围屋保护修缮资金筹措难题，龙南市本级财政每年各拿出 1000 万元作为奖补资金，尝试推动探索"政府引导、社会资本参与、群众自主修缮、部门监管、财政验收奖补"的新型围屋修缮模式。一是以党委政府为主导，改变过去由文旅部门一家单位实施围屋保护的做法，由市委市政府统筹调度推进。每座围屋安排一名区市领导结对，全程介入围屋保护修缮利用。以社会力量为主体。提出"产权人自主、向上争资、财政奖补、社会参与、互利共赢"工作思路，充分调动围屋产权人积极性，组织本地工匠，采用传统方法、传统工艺修缮围屋。仅 2022 年就组织社会力量修缮围屋 31 座，2023 年又修缮了 20 座，两年累计完成 51 座围屋修缮。二是以资金筹措为主轴，出台政策引导围屋所在家族、本地村民乡贤、园区热心企业捐资捐物。设立 1000 万元围屋保护奖补资金，按修缮投入资金的 50％予以奖补，撬动社会资本参与，其中龙南格林园艺、华屹地产、弗子酒店、上下渔村等企业单家捐赠资金均超 50 万元。三是以系统修缮为主线，按保护级别和围屋价值"一围一策"分类实施，明确修缮要求，加强业务培训，做好过程监管，推进围屋系统保护，残损严重的以维持现状为主，保留祠堂、围墙、炮楼等文化意象。通过创新该模式，充分调动产权人及社会资本参与，有效汇聚各方资源，投入围屋保护，基本形成政府部门、国有企业、社会资本、产权人多方参与、多级联动的围屋修缮格局。

"三管齐下"的政府部门、国有平台公司、社会资本（含产权人出资）共同参与围屋保护修缮取得明显成效，2010 年 2 月至 2023 年 12 月，龙南累计完成围屋修缮 92 座，累计投入修缮资金超 1.5 亿元。

三、龙南围屋相关产业发展情况

（一）老屋复活探索新路径

2022 年，龙南按照中央一号文件部署的"实施拯救老屋行动"要求，结合境内围屋和客家民居分布较多的实际，大力实施围屋保护利用、乡贤乡居改革、民宿经济发展"三轮驱动"，探索出一条修缮保护、活化利用、环境优化、文化传承、人才回归"五位一体"的农村"老屋复活"改革新路子。通过建立老屋管理台账，创新老屋托管流转，落实老屋办证审批，盘活闲置资源，推动老屋"苏醒"。通过打造民宿集聚区、农产品先行区、商旅示范区，丰富发展业态，促进老屋"造血"。通过优化人居环境，注入文化基因，促进人才振兴，激发乡村活力，实现老屋"新生"。龙南农村"老屋复活"改革初见成效，目前已盘活利用农村闲置住宅 665 幢（间），建成 8 个老屋民宿集聚区，带动 1.2 万余名群众受益。

（二）文化内涵呈现新气象

龙南深入挖掘客家文化精神内核，丰富文化展示手段，推动客家文化的创造性转化和创新性发展，传播客家优秀传统文化，为经济社会发展提供精神动力源泉。一是弘扬围屋精神。龙南总结凝炼了"团结协作、诚信正义、敢闯爱拼、尚先善赢"的龙南围屋精神，激励干部群众"嗷嗷叫向前冲、活跃跃往上跳"，推动龙南人均 GDP、工业用电量、实际利用外资等多项经济指标位居赣州前列，为经济社会高质量发展交出精彩答卷。二是展示围屋形象。推动围屋元素融入文艺精品创作、文创产品设计、城乡建筑风貌塑造，编纂出版客家文化丛书、龙南史话丛书，开展围屋主题摄影，建成围屋博物馆和世客城客家非遗展示中心，取景围屋拍摄电影，吸引当红明星拍摄音乐 MV。把客家和围屋符号融入第 32 届世客会吉祥物"龙龙""南南"形象设计，推出文创冰淇淋、微信表情包等系列周边产品，打造展现龙南特色、具有较强影响力的 IP。三是传播围屋文化。通过举办世界客属恳亲大会、五届龙南旅游文化节、客家围屋高峰论坛，邀请国内外客属社团领袖、海内外著名客家人士、企业家出席，设立文化旅游海外推广中心，龙南客家围屋登陆威尼斯国际建筑双年展，持续巩固提升"围屋之都·山水龙城"在世界客家文化圈地位。

（三）围屋入市迈上新台阶

龙南在客家围屋妥善保护的基础上，积极探索资源整合、活化利用、长效保护"三位一体"的客家围屋保护利用新机制，分类别、多层次进行保护利用，实现了老屋变民宿，围屋变景区，"空心村"变"网红村"，培育了乡村振兴新动能，打造了独具地域特色的文旅项目，多点开花、亮点频现，涌现出一大批优秀特色亮点案例。一是发展"围屋＋文化旅游"。以国保单位关西新围、省保单位西昌围等 6 座围屋为主体，打造了国家 4A 级关西围屋群景区；整合岗上围屋群 20 座围屋，建设"世界客家第一村"景区，与南武当景区相融共生、交相辉映；依托燕翼围围屋群打造了太平古镇 3A 级景区；实施了栗园围保护更新项目，打造了《天下客家——围屋情》实景演出剧目；等等，并全部列入了第 32 届世客会参观点或有关活动举办点。二是推动"围屋＋餐饮住宿"。通过招商引资、业态引导，充分发挥社会资本市场主体的作用，打造了一批特点鲜明、贴近市场的餐饮住宿项目。利用残破的老屋下围，建设了古朴、精致、高端的老屋下精品酒店。依托省保单位渔仔潭围、沙坝围，打造了双子围民宿小镇，引进国内高端民宿品牌入驻，首创"宿集"模式。利用废弃围屋进行改造提升，打造了和光围高端餐饮。改造后的上下围渔村、逍遥楼餐厅等项目各具特色，获得良好市场反馈，实现了经济效益和可持续发展。三是探索"围屋＋红色教育"。深挖围屋红色史实、红色故事和红色文化传统，赓续红色血脉、传承红色基因，建设了上马石围大坝游击中队队部旧址、烟园围红四军军部旧址、中共信南县委旧址等一批红色文化教育基地。搜集整理月屋围"一枚红色硬币的故事"和岗上围屋群"大坝游击队五战五捷"等围屋红色故事。丰富龙南红色教育培训市场供给，让围屋在党史学习教育、革命传统教育、爱国主义教育等方面发挥重要作用。四是实现"围屋＋非遗传承"。依托龙南浓郁的客家风情和丰富多彩的非遗项目，加强围屋和非遗项目的深度融合，积极打造非遗村落、非遗小镇，推进非遗进景区，高规格建设世客城主会场的世界客家非遗馆。推动杨村米酒、客家织带、客家竹编、杨村乌粉等实现商品化，走向市场化。

四、问题与不足

近年来，龙南持续致力于围屋的保护传承与产业发展，围屋保护及活化利用取得显著进展。虽然围屋保护项目数量及资金大幅增长，活化利用形式多样，但仍存在一些问题，需要持续发力。

（一）数量多，分布广，持续保护难度大

龙南是"中国围屋之乡"，围屋数量之多，分布之广，维修需求之迫切，唯龙南所仅有。庞大的基数和分布的零散给客家围屋的保护修缮以

及日常监管带来了很大的挑战，除专业力量和人员安排上存在困难外，尤其突出的问题是数量多且建筑体量普遍较大的龙南客家围屋修缮造价高企，资金缺口较大。

（二）障碍多，互惠少，围屋经济发展难

发展围屋经济往往存在筹资难、融资难等问题，项目投资大，房屋产权复杂，经营主体在未获完全产权的情况下难以得到金融产品贷款支持，充分发挥市场主体作用参与围屋开发体制机制尚不健全。围屋经济目前产生的收益较为微薄，互惠互利不够明显，难以调动产权人更多积极性，一定程度阻碍了围屋经济的进一步发展。

（三）常规多，亮点少，围屋 IP 打造待凸显

龙南围屋活化利用形式多样，打造成景区、民宿、商业或公共议事场所、文明实践站或普通食宿场所，虽然已形成初步发展成果，但尚未形成引爆围屋经济的活动和产品，赣南围屋很大程度上仍处于"藏在深闺人不识"的阶段，缺乏知名度高的 IP，未能成为全国家喻户晓的旅游目的地，知名度和美誉度有待进一步提升。

五、龙南围屋保护及产业升级发展的对策思考

2023 年 6 月 27 日，江西省委副书记、省长叶建春在 2023 年全省旅游产业发展大会上指出："一些具有鲜明地域特色的景点完全可以'引爆'，比如赣州的龙南围屋。"

龙南保护围屋，发展围屋相关产业具有得天独厚的优势。龙南围屋资源丰富，是"中国围屋之乡""世界围屋之都"，围屋数量多、分布广，既有特色鲜明、独具一格的单体围屋，又有成片分布、传承有序的围屋群落，还有氛围浓郁、引人入胜的客家风情，龙南围屋经济发展基础良好、资源禀赋得天独厚。龙南地理区位优越，是江西的"南大门"，处于

粤港澳大湾区、长三角地区的"黄金分割点",占据南北交通网络的重要节点,成为赣粤边际陆路进入大湾区最快捷的通道,赣深高铁2021年建成通车后,龙南融入大湾区"1小时经济圈",与大湾区一衣带水,时空相近,山水相连。龙南市场空间巨大,是粤港澳大湾区休闲养生度假的"后花园",周边300公里左右的城市人口规模极大,人均GDP均超1万美元,直接面向8000万人口级的大湾区高额旅游消费市场,并渗透4000万人口级的赣闽粤、新马泰等全球客家乡愁市场,与赣闽粤主要客源地100余家旅行社建立长期战略合作关系,并设立美国、英国等6个海内外推广中心。龙南政策机遇良多,国家对赣南苏区振兴和旅游产业发展给予特殊政策支持。龙南坚持把旅游摆在发展的特殊位置,正举全市之力发展全域旅游。2023年,世界客属第32届恳亲大会在龙南举办,龙南市政府把握重要节点与重大盛事,充分发挥优势资源,抢抓世客盛会机遇,利用好围屋产业发展窗口期,助力龙南围屋产业发展推向全省、推向全国、走向世界。

(一) 夯实围屋爆款基础

一是提升围屋保护级别。推动以龙南围屋为主体的赣南围屋申报世界文化遗产,以"世界文化遗产"金字招牌提升围屋影响力和知名度。多座围屋整体捆绑申报全国重点文物保护单位,以国保单位充足的资金保障推动更多围屋高质量完成保护修缮,为后续开发利用打下坚实基础。二是持续加强围屋修缮力度。充分发挥"老屋复活""围屋自主修缮"等已有成功案例的示范引领作用,吸收更多社会资本投入围屋保护修缮与活化利用,进一步扩大围屋保护修缮覆盖面。让龙南灿若繁星的围屋保下来、传下去,推动形成"村村是围屋、处处是风景"的龙南围屋精美画卷。三是完善文旅基础设施。推动建成景区、在建景区、拟建景区的接待能力提升,完善景区道路、供电、给排水、停车场、标识标牌的硬件设施,加强服务能力建设,提升服务水平,优化景区软件体验。

（二）填充围屋爆款燃料

一是扩大围屋产品供给。进一步开拓创新，丰富围屋活化利用形式，植入客家民俗、客家非遗等文化内核，让更多地方特色鲜明、生活气息浓郁的围屋走进市场，吸引游客，丰富围屋产品供给，提升围屋文化品质。二是丰富围屋旅游业态。围绕生活体验，按旅游 3.0 时代的标准打造围屋旅游。突破原有拍照打卡、休闲放松的旅游模式，转向生活游、体验游。从老屋风光、特色饮食、服饰着装、农耕劳作、风土人情等多个角度让游客融入围屋、返璞归真，多方位感受客家围屋的魅力。三是提升围屋文旅消费。积极顺应夜间消费新趋势，大力发展夜游、夜宴、夜购等各种各样的"夜态"经济，加快建成平安驿、世客城、历史文化街区、栗园围、和光围等夜经济引爆点，争创省级和国家级夜间文化和旅游消费集聚区。以文创产品开发、特色活动开展等方式做强围屋景区二次消费。

（三）点燃围屋爆款引信

一是宣传推广造势。以重要节庆、重要活动、重要事件为节点，高密度、高频次宣传龙南围屋。用好融媒体矩阵，多维度、多渠道地曝光龙南围屋 IP，营造龙南围屋信息"霸屏"盛况。以政策倾斜和市场经济等手段获取流量，增加关注度和曝光率，形成龙南围屋 IP 火爆宣传氛围。二是特色活动助推。谋划筹办围屋论坛、围屋龙舟赛、围屋体育赛事、围屋小戏、非遗进围屋等系列活动，雅俗共赏，文体融合，实现景区带动、活动拉动和文旅互动，让群众"动"起来、文化资源"活"起来、旅游消费"热"起来。三是节庆盛会引爆。2023 年 11 月，世界客属第 32 届恳亲大会在龙南举办，在此期间同步举办了首届客家民俗文化艺术节。龙南围绕"办好世客会、实现新突破"目标要求，圆满顺利办好第 32 届世客会后，牢牢抓住举办世客会的影响力，抓住客家民俗文化艺术节等文化品牌落地龙南的契机，扎实推进打造世界客家文化名城的工作，并取得了显著成效。

六、结语

　　围屋是客家文化的重要实物载体，是客家人的智慧结晶和精神家园。围屋及其提供的生活空间凝聚着客家文化的方方面面、点点滴滴。围屋珍贵的优秀文化属性，带来了突出的市场价值属性，"在保护中发展，在发展中保护""以保护促发展，以发展促保护"越来越成为社会各界开发围屋文化意象的共同认知。如何让围屋的保护传承与活化利用相辅相成、相互推动、融合发展？这是一项系统工程。应筑牢围屋安全底线，以保护为前提和基础，守护好客家先民留给我们的宝贵财富，同时不断开拓创新，以利用促保护，以发展促保护，做到保用并重，盘活围屋资源，让围屋既能"活下去"也能"活起来"。世界客属第 32 届恳亲大会成功举办后，当前及今后一段时期正是提升龙南围屋保护管理水平、提升围屋项目市场经营水平、提升龙南围屋知名度和影响力的绝佳时机。龙南通过举办一场盛会、改变一座城市、推动一方发展，持续做好围屋保护传承与活化利用的结合文章，唱响"世界围屋之都"品牌。

附　　录

附录一　龙南市客家围屋选介

一、关西新围

关西新围位于龙南市关西镇关西村，始建于清嘉庆三年（1798），于道光七年（1827）竣工，历时 29 年，系关西名绅徐名均所建，后人为与其祖辈所建老围（西昌围）区别，称之为"新围"。围屋坐西南朝东北，平面呈"国"字形，面阔 92.2 米，进深 83.5 米，占地面积 7426 平方米。围墙高约 8 米，墙厚 1 米，围屋四角各建有一座 10 米高的炮楼。新围依山傍水，整体布局良好，集"家、祠、堡"为一体，花园、戏台、书院等配套设施完备。围屋中轴线是祠堂，前后三进，五组并列，是客家地区传颂的"九幢十八厅"的典型建筑。关西新围是国内保存最完整、功能最齐全、工艺最精良的方形客家围屋之一，是不可多得的珍贵遗产，具有很高的历史、科学、艺术价值，被誉为"东方的古罗马城堡""汉晋坞堡的活化石"。2001 年 7 月，关西新围被国务院公布为第五批全国重点文物保护单位。

二、燕翼围

燕翼围位于龙南市杨村镇杨村圩，始建于清顺治七年（1650），清康熙十六年（1677）完工，系清初富户赖福之及其长子赖从林倾两代之力建成。围名取自《诗经》"妥先荣昌，燕翼贻谋"，"燕翼"二字寄深谋远虑、荣昌子孙之愿。围屋坐西南朝东北，面阔 31.8 米，进深 41.5 米，占地面积 1367 平方米，高 4 层 14.3 米，高度为赣南围屋之冠。全围以厅堂为中轴线，四面对称建房共 136 间，建筑面积 3741 平方米。燕翼围布局科学，结构严谨，生活设施完善，防御功能在赣南围屋中登峰造极。于 2001 年 7 月被国务院公布为第五批全国重点文物保护单位。

三、乌石围

乌石围又名磐石围，位于龙南市杨村镇乌石村，始建于明代万历十年（1582），万历三十八年（1610）完工，历时 28 年，系赖氏先祖赖景星所建。因围屋门前有一块状似蟾蜍的乌石得名。乌石围坐东南朝西北，前方后圆，内方外圆，面阔 53.78 米，进深 63.14 米，占地约 4456 平方米。围墙高约 9 米，周围设四个炮楼，围前有禾坪、照壁及日月形池塘。围内木刻、砖雕、山墙做工精美，屋脊翘角上的狮、象灰塑栩栩如生，具有极高的历史和艺术价值。乌石围历史悠久、形制特殊，对于研究赣南、粤北、闽西地区的客家民居的相互影响与发展演变具有重要的价值。2019 年 10 月 17 日，乌石围被国务院公布为第八批全国重点文物保护单位。

四、西昌围

西昌围位于龙南市关西镇关西村，始建于明末清初，是关西新围创建人徐名均的祖居地，是其祖辈、父辈及其兄弟们逐渐建起来的一座不规则形围屋，又名"老围"。西昌围直径约 87 米，占地面积 6010 平方米，以祠堂为中心，主体为二层砖木结构，周围共建有六幢厅堂和一幢烧香祈福的观音厅，各厅互不相连，因山就势，自成一体。西昌围保存了明代建筑的结构特点，窗扇、门页、门柱、天花上的彩绘雕刻十分精美，堪称精品。西昌围是关西新围的祖屋，也是整个关西村最早的民居，它与新围遥相呼应，建筑形式虽迥异，但建筑文化和社会文化又紧密相连。西昌围与周边多个围屋之间谱系清楚，传承有序，清晰地展现了赣南地区传统村落建筑从山寨到村围再到围屋的变迁过程，对研究客家围屋的形成、发展、演变具有重要价值。2018 年 3 月，西昌围被江西省人民政府公布为第六批江西省文物保护单位。

五、渔仔潭围

渔仔潭围位于龙南市里仁镇新里村龙关公路东南侧，距城区 12 公里，始建于清代嘉庆十八年（1813），由李姓先人制取靛蓝（一种染布原料）发家致富后兴建。该围坐西朝东，呈长方形，南北长 56 米，东西宽 46 米，占地 2576 平方米。围屋总体布局为"口"字形，中间为祖厅，一门二进式，四周为居民住房，共 40 间。围屋东面辟有一门，门框为石制，木板后设有门杠和闸槽，用以加强大门防卫，内墙北、西、南三面设有木构挑廊，即"内走马"。围内东侧设有一口水井，供围内居民使用，具有提供日常用水、消防用水的功能。围屋四角设有 4 层炮楼，楼高 12 米，围墙四周布满枪眼，防御功能突出。2018 年 3 月，渔仔潭围被江西省人民政府公布为第六批江西省文物保护单位。

六、沙坝围

沙坝围位于龙南市里仁镇新里村，距龙南城区 12.5 公里，始建于清朝咸丰年间，围屋修建者系从 5 公里外的栗园围分迁到此。该围坐北朝南，东西长 30.6 米，南北长 29 米，占地面积 870 平方米。围屋整体平面形似"口"字，中间为禾坪，四周为居民住房，形式非常规整。以禾坪为基准，围屋建有三层，高 8.6 米，每层均有住房 24 间，西排设有一层地下室，室深 2.4 米，室顶与禾坪相平齐。围屋四角设有四座三层炮楼，楼高 10.2 米。围内北边有一口水井，供围内居民使用，具有日常用水、消防用水的功能。内墙东、南、北三面设有木构挑廊，即"内走马"，顶楼沿外墙侧设"外走马"，使整个围屋内外交通循环。整座围屋布局精巧合理，院落功能完善齐备，其设计与建造融科学性、实用性、观赏性于一体，可谓是一座赣南围屋的标型器。沙坝围于 2018 年 3 月被江西省人民政府公布为第六批江西省文物保护单位。

七、福和围

福和围位于关西村，与关西新围仅一河之隔，始建于清朝咸丰至同治年间，由关西徐氏第十六世徐绍禧所建。福和围坐东北朝西南，平面约呈正方形，面阔、进深均为 36.5 米，占地面积约 1260 平方米，外墙高约 7 米，东侧中部、西侧前后共设有 3 座炮楼。二层走马廊环通，围屋西南侧开围门，中心设三进式祠堂，其斗拱、雀替、楼梁、雕刻用料考究，做工精细。福和围庭院布局错落，通风、采光良好，居住条件优越，是一座设计精湛、保存完好的客家围屋。2020 年 3 月，福和围被赣州市人民政府公布为第三批赣州市文物保护单位。

关西镇福和围

八、龙光围

龙光围位于龙南市桃江乡清源村下左坑,始建于清道光十五年(1835)。围屋坐西南朝东北,平面接近正方形,面阔 53.4 米,进深 47.8 米,占地面积约 2481.6 平方米。龙光围外墙及炮楼采用麻条石浆砌而成,墙高三层 8.7 米,四角炮楼高四层 11.2 米,炮楼外凸形式独特,各边朝一面凸出 1.3 米,平面形同"卍"字符。龙光围形制规整,外墙全石结构壁垒森严,这种极其坚固的建筑在客家民居围屋中十分罕见,具有很高的建筑艺术价值,对研究赣南地区客家围屋建筑具有较高实物价值。龙光围于 2018 年 3 月被江西省人民政府公布为第六批江西省文物保护单位。

九、杨太围

杨太围位于龙南市杨村镇杨太村,清嘉庆元年(1796)由赖世柱所建,嘉庆十八年(1813)建成,历时 18 年建成。围屋坐东朝西,依山势而建,逐级递高,面阔 77.6 米,进深 80 米,占地面积约 6200 平方米。

围屋外墙由砖石三合土浆砌而成，四角各设一座二层炮楼，正面及两侧共有 5 座围门。祠堂位于围屋的中心，砖木结构，三进两天井，祠堂周边设有住房 120 间。祠堂的供案、神龛，漆金镂空雕画屏风，鎏金阳刻板联，以及斗拱、雀替、驼峰的木刻，凿井上的彩绘都十分精美，是明清建筑装饰艺术的珍品。杨太围具有较高的历史、艺术价值，同时又是赣粤文化交流的产物，其伸手廊、镬耳墙等结构是粤北围屋的常见元素，对研究赣、粤客家民居建筑的相互影响具有实物研究价值。2020 年 3 月，杨太围被赣州市人民政府公布为第三批赣州市文物保护单位。

十、上新屋围

上新屋围，又名光誉堂，位于龙南市杨村镇乌石村，建于清光绪三十四年（1908）。围屋坐西北朝东南，平面呈方形，面阔 57 米，进深 42 米，占地面积 2363 平方米。围屋四角设三层炮楼，东侧外墙高约 6 米，西、南、北三侧依围墙建有三层房屋，房屋二楼设走马楼相通。围屋中心设祠堂，三进两天井，祠堂两侧分置院落，院落二层内走马环通。该围形制规整、体量宏大，禾坪、院落、化胎等公共空间宽敞，通风采光条件优越，为围内居民提供了良好的生活环境，是防御性和实用性相融合的建筑典范。

十一、上游田心围

上游田心围（又名杨屋围）位于龙南市里仁镇上游村，清咸丰年间由杨姓先祖所建。田心围坐北朝南，平面呈现"回"字形结构，面阔 40 米，进深 43 米，占地面积约 1720 平方米。围墙高两层约 5.1 米，砖石三合土夯筑，南侧设围门，东北向开侧门。围内沿外墙建一圈二层民房，以内走马楼环通，围内中心设有二进祠堂。围墙四角设三层石砌炮楼。上游田心围形制规整，是客家围屋的典型代表，于 2020 年被赣州市人民政府公布为第三批赣州市文物保护单位。

十二、德馨第

德馨第位于龙南市杨村镇车田村，建于清代。围屋坐东北朝西南，面阔 40.5 米，进深 27.8 米，占地面积 1126 平方米。中部建有三进二天井式祠堂，两侧为厢房。围内梁、枋、雀替彩绘及雕刻十分精美，艺术价值较高。德馨第围于 2020 年被赣州市人民政府公布为第三批赣州市文物保护单位。

十三、鹏皋围

鹏皋围位于关西新围东北侧，与新围仅一河之隔，紧靠龙关公路，始建于清咸丰初年（公元 1860 年左右），系徐名均旁系宗亲二哥徐名培所建。徐名培号为"鹏皋"，故名"鹏皋围"。鹏皋围坐西北朝东南，建筑面阔为 50.8 米，进深为 43.5 米，占地面积 2210 平方米。以下厅、中厅、上厅为中轴，两侧厢房、私厅、围屋间均呈局部对称式分布。围内中轴设有两进三天井结构祠堂，左侧围屋前后转角处，各设有一往外凸出的炮楼，门前有一院坪，面积约 475 平米。鹏皋围与关西新围、西昌围、大书房、福和围等共同组成了关西围屋群落，各围分布井然、互为关联，居民谱系清晰、传承有序，完整地记录了一个成熟的赣南客家宗族村落的繁衍发展史。鹏皋围于 2020 年被赣州市人民政府公布为第三批赣州市文物保护单位。

十四、新屋围

新屋围位于龙南市武当镇岗上村，清道光八年（1828）由叶安懿所建。系二层石砌外墙结构封闭式方形建筑，坐东南朝西北，平面呈扁平状方形，面阔 56 米，进深 32 米，占地面积约 1760 平方米。外墙鹅卵石三合土浆砌，高约 6.7 米，硬山式屋顶。正门设在西北面，门楼高出两侧外墙约 0.4 米，东北向开有小侧门。围内扁方形禾坪，中间设有两进式祠厅。西南侧设石砌二层炮楼，后方建有两排民房。岗上新屋围整体依地势而建，背靠丘陵、植被丰茂，围前设有风水塘，视野开阔。新屋围是建筑与自然和谐相处的典范，于 2020 年被赣州市人民政府公布为第三批赣州市文物保护单位。

十五、村头围

村头围位于龙南市汶龙镇罗坝村，由蔡姓先祖所建于清代。围屋坐西朝东，整体为"口"字形，长宽各 40 米，占地面积 1600 平方米。石砌外围墙，高三层 8 米，厚约 1 米，坚固异常，墙上遍布射击孔和炮眼。四角分设炮楼，炮楼高处加建外挑式防御堡垒，全面覆盖射击死角，防御功能完备。围门分内外两层，外层牢不可破。围内辟有水井，储备有粮食。围屋三层土坯砖砌民居依墙而建，内设走马楼环通，围屋中轴线西面辟一房间作为简易祠堂。2012 年 12 月，村头围被龙南县人民政府公布为第三批县级文物保护单位。

十六、矮寨围

矮寨围位于龙南市杨村镇乌石村，清末民初由赖氏先祖所建，因坐落在矮寨山脚下而得名，系二层石砌封闭式方形围屋建筑。围门朝东，面宽 47 米，进深 17 米，占地面积 820 平方米。围中央建一进式砖木结构祠厅，两侧为二层土木结构民宅，分别设有二层外走马楼，内设二扇小门将祠厅同院落相连。为防止敌人翻过外墙进入围内，矮寨围在天井上方布满了铁丝网，这一奇特的防御设置在现存赣南围屋中较为少见。对研究赣南围屋防御功能的多样性，具有较高实物价值。矮寨围于 2020

年被赣州市人民政府公布为第三批赣州市文物保护单位。

十七、湾仔围

湾仔围位于龙南市黄沙管委会黄沙村，建于清同治年间。围屋为"口"字形结构，坐北朝南，面宽26.2米，进深24.4米，占地面积630平方米。围墙高约7米，四角设三层8.5米高石砌炮楼。四周靠围墙有二层土建民宅，共40间，内设单门单厅祖祠。围屋建筑简朴，保存完整，功能齐备。

东江乡黄沙湾仔围

十八、梅花书院

梅花书院位于龙南市关西镇关西村，地处关西新围北侧，建于清道光年间，为当地徐氏家族私塾、书房所在，是关西围屋群的重要组成部分。梅花书院坐西南朝东北，平面布局为两进三排、前后合院形式，大致为矩形对称布置，面阔五间19.12米，进深27.56米，占地面积约500平方米。进门为庭院，两侧廊屋以镬耳山墙隔断，堂屋与厢房两组并列，整体环境清幽、诗书气息浓郁。

十九、耀三围

　　耀三围位于龙南市城南面 25 公里的汶龙镇石莲村，建于民国六年（1917），由王成耀、王鼎耀、王昌耀三兄弟合建，故称为"耀三围"。该围坐西朝东，为三层外砌石墙方形围屋建筑，长 43.7 米，宽 38.5 米，占地面积 1682 平方米，四角设四层石砌炮楼，墙厚 0.8 米。围内中央建二进式土木结构祠厅，四周倚外墙建三层民房，共计 106 间，二层以走马楼相通。整座围屋高大坚固，造型优美，为研究清末民初社会史和建筑史提供了宝贵的实物载体。耀三围于 2008 年被龙南县人民政府公布为第二批县级文物保护单位。

汶龙镇耀三围

二十、烟园围

　　烟园围建于清道光年间，位于龙南市龙南镇红岩村，地处梅坑溪水西侧的山坡及田垅中，烟园围因周边盛种烟叶而得名。围屋坐北朝南，占地面积约 2052.6 平方米，为土、木、石结构。围屋内有一门三进祠堂一栋。房屋近 200 间。西南面有三层炮楼二座，北面有炮楼一座。为保卫中央苏区 1932 年 7 月 8 日至 10 日，工农红军一方面军与国民党部队进行了惨烈的南雄水口战役，击溃国民党粤军 15 个团，获得胜利。7 月 18 日，数百名红军战士进驻在烟园围，并在围屋内驻扎了 10 天。其间，红军带领当地群众打土豪、分田地，帮群众收稻子、插秧，教群众识字、唱红军歌曲。红军还在烟园围内外墙壁上用墨笔书写了《共产党十大政纲》《国民党十大罪状》《红军行军歌》等标语。在国民党统治时期，当地群众多次用石灰浆刷墙掩盖，以逃避国民党政府的搜查，故能保存至今。1982 年，烟园围被龙南县人民政府列为第一批县级文物保护单位。

龙南镇烟园老围

二十一、猫柜围

猫柜围位于龙南市里仁镇上游村，清光绪元年（1875）由吴明柱所建。围屋坐东朝西，平面呈"口"字形结构，面阔 18.17 米，进深 17.49 米，占地面积约 296 平方米。围高两层，设内走马环通。四角设有三层炮楼。猫柜围是现存赣南围屋中规模较小的一座。猫柜围于 2008 年被县人民政府公布为第二批县级文物保护单位。

二十二、栗园围

栗园围位于龙南市里仁镇新园村，因古时围屋附近栽有百亩板栗树林，故又名为栗树围。始建于明弘治十四年（1501），正德十三年（1518）重新规划，历经18年于嘉靖十五年（1536）竣工。围屋建筑规模宏大，布局科学合理，生活设施完备。栗园围占地面积45288平方米，是赣南现存客家围屋中历史最悠久、占地面积最大的村围。栗园围按阴阳八卦的布局在东南西北四个方向均建有围门，故又称"八卦围"。围屋周长789米，四周角落遍布12个炮楼，沿围墙开有数百个炮眼，围内共有八八六十四条小巷。围屋内分为居住区和渔耕区，渔耕区有三口水塘，一所学校。围内主要建筑布局以"一祠三厅"为核心，即纪缙祖祠，梨树下厅厦，桄梃厅厦、新灶下厅厦，靠北建有8处民宅区，共有房屋400余间。纪缙祖祠前面有三口相连的池塘，面积为2000平方米。栗园围于2008年被龙南县人民政府公布为第二批县级文物保护单位，2014年11月17日入选第三批中国传统村落名录。

二十三、武当田心围

武当田心围位于龙南市武当镇大坝村，建于明末清初，围屋坐西朝东，整体布局前方后圆、前低后高。正面除正中大门外，两翼各设一侧门，侧门设计成城楼样式，兼作围屋的防御炮楼，正门前有禾坪和半月形池塘。围内中心是叶氏宗祠（茂松堂），三进两天井结构，以祠堂为中心外扩环建三圈民房，民房二或三层，是房间最多的客家围屋之一，围内最多曾同时居住900余人。田心围对研究赣南围屋的早期建筑形式和布局的发展演变具有重要的实物参考价值。2008年被龙南市人民政府公布为第二批县级文物保护单位。

二十四、新大新围

新大新围又名新大水围，位于龙南市渡江镇新大村桃江南岸。围屋由蔡永怡、蔡永恂两兄弟于清康熙初年（1662）始建。平面呈"国"字形布局，坐东北朝西南，面阔 44 米，进深 62 米，占地面积约 2720 平方米。围墙高约 9 米，墙厚约 0.7 米，四周凸出墙体的炮楼，高约 12 米，外墙及炮楼由砖、石、三合土夯筑，异常坚固。围内四周依外墙建 3 层房屋，重檐外挑，有内、外走马楼环通。中心设三进式祠堂，左右衬祠，三组并列。庭内有一口水井。新大新围形制规整、高大坚固，是客家围屋的典型代表。围屋建造者及其后人多以放排做竹木生意为生。新大新围对研究当地经济社会发展以及明清时期赣南客家文化、历史和建筑具有重要实物价值。新大新围于 2008 年被龙南县人民政府公布为第二批县级文物保护单位。近年来，新大新围因年久失修而破败不堪。2022 年，通过实施保护维修，新大新围屋面、梁架、墙体、地面得到了修缮，消除了安全隐患，复原了古朴风貌。

二十五、象形围

象形围位于龙南市东江乡小坑村，由叶姓安福公于清乾隆年间所建。该围屋坐东向西，砖石木结构，平面呈"回"字形，围屋面宽 45 米，进深 48 米，占地面积约 2140 平方米，外墙鹅卵石三合土砌筑，高 5 米，四角建有突出外墙的炮楼，东面设三道拱门出入，围内中心三进式祠厅。

二十六、大刘屋

大刘屋位于龙南市文化社区，嘉庆十年（1805）由刘氏先祖所建。围屋坐西北朝东南，占地面积 1800 平方米。门楼宽敞高旷，天花板面积有 40 来平方米。穿过门楼，经过近十米由麻石砌成的屋檐，便是大刘屋宗祠大门。宽阔的三进式宗祠气势恢宏，金碧辉煌。在数十根粗大的柱子支撑下，总面积约 240 平方米的宗祠，若同时聚集四五百人议事，绝不会受到空间的限制。宗祠借着两口天井透进的阳光，祠堂内光线相当充足。在上中下三进宗祠数百平方米的天花板上，在横梁与柱子的交接处，在那支起横梁的斗拱上，数百年前的雕花绘画以及镂空的窗台，仍清晰可见。2012 年，大刘屋被龙南县人民政府公布为第三批县级文物保护单位。

二十七、太史第

太史第位于龙南市文化社区境内，于清道光年间由徐名绂所建，是古城徐氏家族六座祠堂中至今保存最完好的一座，属龙南市（县级）文物保护单位。"太史"，官职名。明、清两代，太史令所在的衙门称作钦天监。修史之事，则归于翰林院。因此，清朝的翰林学士亦有"太史"之称。跨入太史第的石门槛，至今仍然能看见当年建有屏障的遗迹，经过屏障穿过一个廊厅，绕过一个天井，太史第里面便是三进式祠堂。祠堂方位坐北朝南，但它的大门却开在中厅的左侧，朝东向阳，这是与一般传统式祠堂建筑的不同之处。三进式祠堂中间仍有两口方形天井，抬头看，天井四边的檐沿檐角，以及祠堂的整个天花板上，柱子的斗拱上，全部是雕镂绘画。祠堂的上、中两厅，左右两侧共有四个庭院、数十间厢房。

二十八、江头围

江头围位于龙南市东江乡新圳村，清雍正年间由张万兴从福建上杭迁到此处所建。为纪念世代相依的故地，便沿用福建上杭的故地"江头"为名。围屋坐北朝南，面阔 45 米，进深 41 米，占地 1840 平方米。外墙高约 6.8 米，四角建三层炮楼。外墙和炮楼均用砖石三合土砌筑，十分坚固，墙上分布着枪眼和炮口。围屋内设土木结构二进一天井式祠堂。江头围布局严谨，形制规整，防御功能突出，是围屋发展期的典型代表。2012 年，江头围被列为第三批县级文物保护单位。

二十九、围仔围

围仔围又名欧都围，位于龙南市龙南镇新华村，建于清代。欧都围坐东北朝西南，平面呈方形，占地面积约 570 平方米。围屋外墙高 9 米，四角设有三层炮楼，高 9 米。围内设有一进式简易祠厅，四周房屋高两层，倚外墙而建，共计 40 间。围仔围造型方正、形制规整，是方形客家围屋的典型代表。

三十、晋贤围

晋贤围位于龙南市杨村镇车田村，坐东北朝西南，面阔 41 米，进深 42 米，占地面积 1720 平方米。晋贤围中部设三进两天井祠堂，左右各开堂屋，三组并列，以封火山墙隔断。仅设一层房屋，屋脊高约 3.8 米。四周倚外墙建二层房屋。南侧设有侧门。外墙、炮楼及祠堂为卵石、青砖砌筑，其余房屋为土坯砖墙。集庆围形制规整，围内雀替、柱础等处有精美的雕花。晋贤围于 2012 年被龙南县人民政府公布为第三批县级文物保护单位。

三十一、集庆围

集庆围位于龙南市杨村镇车田村，由赖氏德苓公建于清康熙年间。集庆围坐东北朝西南，平面呈"回"字形结构，面阔 23 米，进深 27 米，占地面积 620 平方米。集庆围中部设三进两天井祠堂，四周沿外墙设二层环形围屋间，高约 7.2 米，卵石、青砖砌筑。集庆围于 2012 年被龙南县人民政府公布为第三批县级文物保护单位。

三十二、刘华邱围

刘华邱围位于龙南市里仁镇冯塆村，因围内曾有"刘、华、邱"三姓居住而得名，现为钟姓祖产。刘华邱围建于清代，由 2 座独立围屋并排组成。北侧先建，为老围；南侧后建，为新围。总占地面积约为 8500 平方米。围屋坐东朝西，新、老围各设一进式祠厅，外墙砖石三合土砌筑，四角分别设有突出的炮楼。中间以门坪相连，两围形成一个封闭的整体。是赣南围屋中为数不多的组合型围屋。刘华邱围自古以来就有崇文重教、勤学苦读的优良传统。祠堂上悬挂的"进士及第"牌匾以及门口的功名柱无不彰显着刘华邱围的学风如炽、人才辈出。

三十三、龙洲上新围

龙洲上新围位于龙南镇龙洲社区玉岩路中段西侧，始建于清道光末年（1850）。围屋坐西北朝东南，整体平面呈不规则形，原有围墙内面积近 9000 平方米。围内祠堂以上厅、中厅、下厅为中轴，两侧厢房、私厅、侧间呈局部对称式分布。祠堂、厢房、侧房组合形成三进五间十天井式的矩形平面封闭式建筑，面阔 49.8 米，进深 32.4 米，占地面积 1613.52 平方米。祠堂门口设有一院坪，面积约 570 平方米。两翼偏房和门楼依巷道走势而建，与现代砖混结构房屋杂处。围屋南面设有正门，东西向各建有一道侧门。围屋南面辟有一口池塘。上新围内斗拱、雀替、驼峰、穿枋、户对、窗棂、柱础上雕刻形式多样，藻井、天花、架梁上保存有大量精美彩绘，对清代客家建筑装饰艺术具有较高的实物研究价值。2022 年 5 月 28 日，龙洲上新围被龙南市人民政府公布为第四批龙南市文物保护单位（县级）。

三十四、黉门围

黉门围位于龙南镇龙洲社区玉岩路东侧原大顺行围屋内，始建于清乾隆四十一年（1776），系清代例贡生廖运宪（武芳）所建。围屋坐北朝南，面阔 31.5 米，进深 56.2 米，占地面积约 1750 平方米。黉门围外墙砖石三合土砌筑，高 3.4 米。围门朝东，青砖瓦脊，门匾框以及两侧用天然颜料粉刷成朱红色，鲜艳醒目，故又称"红门楼"。黉门围内建有两进两列式祠堂，左右各三组厢房并列。祠堂彩绘精美，花窗、栏杆遍布几何纹饰。祠堂前庭院清幽，两侧设有隔墙，以圆门、拱门相通，别具一格。清代教育家黄英镇（正五品，解元）及其子黄少海（举人）两人都曾在黉门围里的黉门书院教书育人，桃李芬芳，其中学生徐受衡高中进士，官至刑部主事。黉门围文化气息浓郁、文化底蕴深厚，体现了客家人崇文重教、兴学为乐、耕读为本的优良传统。2022 年 5 月 28 日，黉门围被龙南市人民政府公布为第四批龙南市文物保护单位（县级）。

三十五、蔡屋祠堂

蔡屋祠堂位于龙南市城市社区文化社区黄道生老街西侧，坐北朝南，砖石木结构，两进两列式二层建筑。祠堂面阔 18.4 米，进深 23.9 米，占地面积 440 平方米。祠堂两侧封火山墙，硬山式屋顶，通高约 6.8 米，分上下两层。祠堂中轴线对称，两侧各设有 2 间厢房，沿大门两侧内墙设石阶梯登二楼，楼上前后列之间以连廊相通。上厅中部为祠厅，一层净空高约 4.6 米，采光通风良好，祠厅内设供案香烛。蔡屋祠堂内柱、枋、梁、门扇、窗棂、屏风、隔断等木质构件保存完好，尤其以隔扇门上的格心和绦环板上的几何构造纹饰最为精美。蔡屋祠堂结构规整，整体风貌大气沉稳、简洁利落又端庄肃穆，融功能性、装饰性和实用性于一体，是龙南民居建筑的典型代表之一。2022 年 5 月 28 日，蔡屋祠堂被龙南市人民政府公布为第四批龙南市文物保护单位（县级）。

三十六、新生大廖屋祠堂

新生大廖屋祠堂位于龙南市城市社区新生社区人民大道西侧，由廖氏先祖于清代中期从同城的鸦背迁居到此兴建。祠堂坐西北朝东南，面阔 54.5 米，进深 80 米，占地面积 4300 平方米，中轴对称，砖木结构。围内中心设三进两天井祠堂，两侧分列 2 间厢房。悬山式屋顶，中厅、上厅抬梁式木构架。祠堂雀替、驼峰、瓜柱、随梁枋、穿插枋等处雕刻精细，天花板彩绘花纹密集繁复，花窗做工精美、形式多样，集中展现了客家祠堂装饰工艺的高超水平。新生大廖屋祠堂是客家祠堂的典型代表，具有较高的历史和艺术价值。2022 年 5 月 28 日，新生大廖屋祠堂被龙南市人民政府公布为第四批龙南市文物保护单位（县级）。

三十七、土建背围

土建背围位于龙南市龙南镇龙陂社区金塘大道中段西侧。明正德年间由叶松甫从临近的百福坝迁移至此所建，历经 19 代，迄今已 500 余年，为叶氏宗族祖产。因围屋西侧、北侧都是山岗，称为土埂背。又因本地方言"埂"与"建"近音，"建"易于发音易于传播，后世通称土建背围。土建背围是一座高二层砖石木结构的封闭式围屋，坐东北朝西南，平面近似长方形，规模宏大，面阔 109.5 米，进深约 79.8 米，占地面积约 8450 平方米。围屋外墙由块石、鹅卵石坐浆砌筑而成，四角各设有三层炮楼。围内中心位置设三进两天井结构祠堂，祠堂正门口的禾坪前设有女墙。围前辟有半圆形风水塘。目前，土建背围原有民房已自然倒塌或人为拆除，现祠堂、观音阁、围墙、炮楼等结构保存完好。2022 年 5 月 28 日，土建背围被龙南市人民政府公布为第四批龙南市文物保护单位（县级）。

三十八、振兴围

振兴围位于龙南市城市社区新都社区龙鼎大道东侧,因先前围屋周边种有黄竹,又名"竹园围"。振兴围始建于清乾隆三十年(1765),系廖为纪所建,廖氏后人沿用至今。围屋坐西北朝东南,面阔82.4米,进深71.2米,占地面积约5300平方米。振兴围外墙三合土、砖、石夯筑,墙高4.9米,四周分别设有一座炮楼。围屋中心位置是三进两天井祠堂,祠堂左侧、右侧、后方分别建有两排横屋。围墙之内,房屋南面、西面设有宽阔的院坪。原东南向正门封闭,日常出入改道东侧门。振兴围房屋结构布局合理,通风采光良好,居住条件优越,保存现状较好。围屋古朴肃穆,与周边高楼反差强烈又相得益彰。振兴围是中心城区保存最完好的一座客家围屋,见证了龙南城市的发展与变迁。2022年5月28日,振兴围被龙南市人民政府公布为第四批龙南市文物保护单位(县级)。

三十九、永昌围

永昌围位于龙南市南亨乡西村村。围屋为方形,四边长约19米,占地面积约361平方米。围屋墙高约6米,倚墙建有两层房屋,四角建有三层炮楼高约8米。围墙及炮楼外表面分布着枪眼、炮口和瞭望口。围内中心区域设有一进式祠堂,祠堂与左右各两个房间一字排开,将围内禾坪分成前后两块区域,使围屋平面呈"日"字形结构。围内二层设外走马楼,四周和中间房屋均可环通。永昌围"日"字形结构在客家围屋中并不多见。佐证了龙南客家围屋平面布局形式的多样性。

四十、吴屋围

吴屋围位于龙南市桃江乡清源村，与龙光围相邻。吴屋围始建于清道光年间。围屋坐东朝西，面阔 51.4 米，进深 18.8 米，占地面积约 960 平方米，整体布局扁平狭长，别具一格。两排房屋以中间天井相隔，四周围闭，外墙由砖石三合土砌筑而成，屋面三段分隔，逐级递高。吴屋围于 2022 年 5 月被公布为龙南市（县级）文物保护单位。后经保护性修缮，消除了安全隐患，较好地还原了吴屋围原有风貌。

四十一、上马石围

上马石围位于龙南市武当镇岗上村，清代晚期由叶正捺所建，因门前有一块上马石而得名。围屋为砖石木结构，坐西朝东，呈长方形布局，面阔 38.1 米，进深 26.7 米，占地 1020 平方米，外墙由鹅卵石浆砌。围内建有二进式祠堂，两侧为厢房，围内二层设走马楼环通。上马石围是大坝游击中队驻地旧址。1949 年前后，大坝游击中队在赣粤边开展游击斗争，为龙南解放作出重要贡献。上马石围在妥善保护修缮的基础上，实施了红色文化主体陈展。2022 年，上马石围陆续被公布为龙南市（县级）文物保护单位、赣州市红色教育培训基地，并被列入江西省不可移动革命文物名录。

四十二、月屋围

月屋围位于龙南市龙南镇红岩村月屋小组。月屋围始建于明万历年间。围屋坐西北朝东南，平面呈方形，面阔 68.2 米，进深 90.5 米，占地面积约 6140 平方米。围屋外墙高约 3.8 米，砖石三合土砌筑，四角设有突出的炮楼，高约 4.6 米。围内中央南侧建有三进两天井结构祠堂，横向左右各 3 开间，左右各一列竖向侧屋，祠堂后两排横屋，围屋四周倚外墙建一或二层房间，高低错落，东西两侧开有侧门。月屋围是一座"红色围屋"。1935 年 3 月，国民党将金盆山战役中被俘的红军战士关押在月屋围，月氏族人冒险援助被押红军战士。解放后原独立十四团政委方志奇等人专程到月屋围致谢。2022 年 5 月 28 日，月屋围被龙南市人民政府公布为第四批龙南市文物保护单位（县级）。

四十三、和光围

和光围位于龙南市龙南镇龙腾社区鸦背小组，清代由廖文宽从福建上杭迁居到此所建。和光围坐西朝东，平面呈方形，面阔 37.1 米，进深 35.2 米，占地面积约 1300 平方米。外墙砖石三合土夯筑，墙高 7.2 米，四角设三层炮楼高 9 米，突出外墙 0.7 米。围内四边沿外墙建有 3 层土木结构民房，悬山式屋顶，二楼和三楼分设内、外走马楼部分连通。围屋中央是开阔的院坪。和光围形制规整、结构严谨，是客家围屋的标型器，具有很强的典型性和代表性。2022 年 5 月 28 日，和光围被龙南市人民政府公布为第四批龙南市文物保护单位（县级）。

杨村镇细围

四十四、细围

细围位于龙南市杨村镇杨村村，清康熙年间（1662—1722）由赖翰扬（字先声）任职议叙主簿办理盐饷军需时所建，为二层青砖木结构"口"字形封闭式民居建筑，东西长 16 米，南北长 20 米，占地面积 320 平方米。围内四周二层结构民宅组成四合院，二层设走马楼相通，房屋计 16 间。此围一门进出，未取围名，故当地称"细围"。

四十五、益寿堂

益寿堂又名启佑堂，位于龙南市杨村镇杨村村，与全国重点文物保护单位燕翼围相邻。清康熙年间由赖邦瑞创建。围屋坐东北朝西南，为"回"字形二层砖木结构，东西长 40 米，南北长 35 米，占地面积 1400 平方米，正门麻条石框门。中央三进式青砖木结构祠厅，由正厅、中厅、下厅两侧厢房组成大四合院，二层砖石木结构民房。门厅一栋，后厅一栋，两侧厢房两栋，中厅两侧各一栋，共计 25 间房屋。2022 年，当地政府对围屋实施了保护性修缮，挖掘文化内涵，丰富展示手段，打造成以"盛世太平·别样红"为主题的展馆，增强了围屋的知识性、趣味性和体验感。

四十六、上下围

"上下围"围龙屋位于龙南市程龙镇杨梅村。上下围坐西北朝东南，面阔 50 米，进深 70 米，占地面积 3500 平方米，以祠堂为中心，左右横屋两列，中间排屋 6 杠，结构方正，经纬有序，每排房屋间以巷道相通，通风采光良好，居住环境适宜。现有户数 18 户，围内原住民有林、卢、廖三姓。杨梅村"上下围"围龙屋地理位置优越，周边资源丰富，主要资源为千年古树群、十里桃川、万鱼塘等。2022 年，上下围在实施保护修缮后打造成了上下渔村景区。

四十七、隘背围

隘背围位于龙南市里仁镇新里村隘背村小组，龙关公路北面，距县城 9 公里。隘背围是清朝乾隆年间李元万从里仁正桂迁居此地后兴建开基。因建在隘盘（客家方言，指河堤）的背面，故得名为隘背。于清末民初时进行扩建为迄今结构功能齐全的围屋。围屋呈长方形，长 120 米，宽 108 米，占地面积约 13000 平方米。围墙兼房屋的一道外墙，高 4.8 米，墙厚 0.6 米。围屋建有 6 座炮楼，炮楼高 9 米。设有东、南、西、北四道门，南门建有门楼，门楣上筑有"隘背围"围碑。围内有三进式祠堂一座。

里仁镇隘背围

四十八、袁屋围

袁屋围位于龙南市里仁镇新里村龙关公路南侧，建成于清乾隆年间。

围屋坐西朝东，平面呈长方形，面阔 48 米，进深 84 米，占地面积约 4000 平方米。西南侧开有围门，外墙砖石三合土砌筑，四角设有突出墙体的炮楼。围内四排并列，中心三进式祠堂，祠堂门口有宽阔的庭院，四周倚外墙建二层民房。袁屋围造型方正，是标准的方形客家围屋。

　　四十九、新屋场围

　　新屋场围位于龙南市里仁镇正桂村，清嘉庆年间由李姓先祖所建。新屋场围依地形及周边水域而建，坐西南朝东北，平面不规则，围前部左右两侧均为弧形，围后部近方形，通宽 83 米，最大进深 84 米，占地面约 6110 平方米。砖石三合土外墙，东北部开围门，中心设二进式祠堂，围内房屋以祠堂为中心，弧形向外扩展，共计 3 层。东南角设有突出外墙的炮楼，围内南侧、西侧房屋倒塌较为严重，北侧房屋尚存。

　　五十、永胜围

　　永胜围位于龙南市龙南镇龙腾村塘背小组，坐东北朝西南，整体结构呈方形，面阔 95 米，进深 64 米，占地面积约 6000 平方米。外墙为砖石三合土砌筑，四角设有突出外墙的三层炮楼，四周以外墙为承重墙建有一圈二层围房民居，围内结构为五排并列，中心为三进式祠堂。永胜围布局工整、紧凑，围内房屋密度较高，各排房屋仅以狭窄的过道间隔，所留空地极少，房屋紧凑密集，鼎盛时期居住人口逾 200 人。

　　五十一、下兴围

　　下兴围位于龙南市南亨乡东村村，105 国道东侧。下兴围建于清道光年间，坐东北朝西南，平面呈方形，三堂四横结构，面宽 48 米，进深 36 米，占地面积约 1730 平方米。围内房屋高二层，悬山式屋顶，中轴设二进式祠厅。

五十二、永龙围

永龙围位于龙南市南亨乡西村村，建于民国初期，围屋平面呈"回"字形结构，坐西南朝东北，面阔 30 米，进深 32 米，占地面积约 910 平方米。外墙鹅卵石堆砌，高约 5.2 米。围内中心设一进祠堂，四周以土坯砖建二层民居。

五十三、助水新围

助水新围位于龙南市南亨乡助水村，系民国早期由叶姓家族所建。围屋坐西北朝东南，平面呈"回"字形结构，面阔 26 米，进深 29 米，占地面积约 750 平方米。围屋外墙砖石三合土砌筑，四角设有硬山顶炮楼，正门及围内房屋土坯砖砌筑，悬山顶，围内中心设一进式简易祠堂。

五十四、岭头围

岭头围位于龙南市汶龙镇江夏村，始建于清道光元年（1821）。该围方形结构，坐西南朝东北，面阔 44 米，进深 43 米，占地面积约 1560 平方米。二层，悬山顶，四角设有炮楼，炮楼顶端向外悬挑，增加射击覆盖面。四周倚外墙建二层民居，围内中部设两进式祠堂，祠堂门口有宽阔的门坪，面积约 300 平方米。

五十五、昌和围

昌和围位于龙南市武当镇大坝村河口小组，105 国道旁。昌和围始建于清代，围屋平面为"回"字形，坐东北朝西南，面阔 26.5 米，进深

26 米，占地面积约 680 平方米。围高二层，约 7 米，原四角建有三层炮楼，后南侧两个炮楼损失，北侧两个炮楼尚存。围内中心建二进一天井祠堂。四周建二层民居，以内走马楼环通。

五十六、马头围

马头围位于龙南市渡江镇莲塘村马头村小组，清咸丰年间由曾名灿所建。平面为方形，围屋坐东向西，面宽 40 米，进深 50 米，占地面积 2000 平方米。石砌外墙，高四层近 13 米，四角外凸炮楼。围内建土木结构三进式祠厅，两侧厢房并列，四周沿外墙建三层民居。

五十七、佛仔围

佛仔围位于龙南市关西镇翰岗村，建于清光绪年间。围屋坐东北朝西南，平面布局约呈马蹄形。房屋依山势而建，前低后高，前方后圆，面阔 70 米，进深 81 米，占地面积 5670 平方米。围屋东向开正门，中部为三进三开砖石木结构方形建筑，门前设方形禾坪约 800 平方米，后排两端弧形过渡，地势隆起，状似围龙屋常见"化胎"结构。左右及前方横屋环抱。佛仔围后背靠山，廉江河在围前川流而过，周边环境十分优美，是人和自然和谐相处的建筑典范。

五十八、品裕围

品裕围位于龙南市临塘乡塘口村上门陂小组，由赖氏先祖于清代中期所建。品裕围坐东朝西，平面呈方形，面阔 30 米，进深 40 米。原围屋较小，四角设有三层炮楼，之后再加建排屋、横屋。现有结构为一横三排，房屋高二层，中间设二进一天井式祠堂，两侧各一间厢房。

五十九、竹其居围

竹其居围位于龙南市临塘乡大屋村，建于清末民初。围屋平面呈方形，边长约 20 米。外墙高约 7 米，倚外墙内侧环建两层砖石木结构房屋。四角各建有一座三层炮楼，高约 10 米。围内中央设有一进式祠堂，祠堂门口两侧对称设有两堵云墙，将天井分成三个部分，云墙上开有拱门和方形花窗，花窗后砌筑有养鱼的水缸，围屋外墙、内墙、花窗各处都有黛青色琉璃窗花装饰。客家围屋大多冷峻粗犷，竹其居围的云墙分隔十分罕见，琉璃窗花的应用更是别具一格，展现出客家围屋别样的风貌。

临塘乡竹其居围

六十、金盆围

金盆围位于龙南市九连山镇墩头村扶犁坑小组，清乾隆五年（1740）由刘宗桂始建。金盆围坐西南朝东北，平面结构系围龙屋形式，前方后圆、前低后高，面阔 59 米，进深 43 米，占地面积 2280 平方米。外墙高两层约 5 米，两侧建有三层炮楼，房屋及炮楼均为悬山顶结构。中轴线设三进式祠堂，两侧厢房并列，共三排，四周沿外墙设围房。围墙外有宽阔的禾坪及池塘。

六十一、松湖上新围

松湖上新围位于龙南市夹湖乡松湖村中洞上新屋小组，始建于清顺治年间。围屋坐东北朝西南，平面系围龙屋式结构，前方后圆，面阔76米，进深67米，占地面积约4800平方米。外墙鹅卵石三合土砌筑，围内房屋多以土坯砖墙为主。松湖上新围规模宏大，五排四横的基础之上四周加建一排房屋，构成七排六横结构，东南侧开围门，中部设三进式祠堂，祠堂后为弧形化胎构造。

六十二、坳背围

坳背围位于龙南市关西镇翰岗村，清末由当地李姓所建。坳背围坐北朝南，整座围屋背靠上地，前高后低，平面方形。围屋主体面阔18.5

关西镇佛仔围

米，进深 18 米，占地面积 340 平方米，围屋外围四横四排，总占地面积 2270 平方米。二层石砌外墙，中心为一进祠堂，两侧为居室。四周排屋均为民居。

六十三、下九围

下九围位于龙南市关西镇关东村，清代中期由徐姓所建。围屋坐西北朝东南，面阔 66 米，进深 46 米，占地面积 3036 平方米。围屋以祠堂为中轴线，前后三进，两侧厢房、横屋。围门前有成排的功名柱，昭示着围屋曾经的人文鼎盛。下九围"翰林围""进士第""翰林三个半"等说法家喻户晓。历史上，共出进士 5 名、举人 7 名，获取功名者多达 30 余人。清代乾隆至道光年间，龙南出过四个翰林，其中三个出自下九围，还有"半个"是徐家的外戚。下九围是龙南出进士最多的客家围屋，是客家人崇文重教、耕读传家优良传统的实物见证。

六十四、黄竹陂圆围

黄竹陂圆围位于龙南市临塘乡临江村，建于明嘉靖年间。圆围又称"老围"，平面近圆形，二层砖石木结构。围屋坐北朝南，最大外径约 60 米，占地面积约 2600 平方米。围门为简易城楼样式，上设土坯砖阁楼。围内沿围墙建一圈二层土木结构房屋，共 36 间。光绪年间在围内又加建二排土木结构房屋。圆形客家围屋存世数量较少，黄竹陂圆围是圆形客家围屋的典型代表。

六十五、魏屋围

魏屋围位于龙南市龙南镇红杨村围屋小组，始建于明嘉靖年间。魏屋围平面呈不规则形状，坐东朝西，依山势而建，东高西低、前低后高、层层递高，围屋前后高差约 11 米，面宽 95 米，最大进深 80 米，北侧顺山势建成圆弧形，占地面积达 10290 平方米。中间区域建三进两天井祠堂。围屋四周原以围墙封闭，墙高约 3 米，四角建有三层炮楼，高约 10米。围屋前部围墙早年间因洪水冲毁，此后未再复建，现为两口鱼塘。

六十六、赵屋围

赵屋围位于龙南市龙南镇红杨村，清末由赵念思从赣州迁此所建。赵屋围坐东北朝西南，面阔 96.5 米，进深 46.8 米，占地面积约 4320 平方米。属"堂横屋"式结构，三堂八横，四角建有炮楼，中间三进式祠堂。

六十七、财岭围

财岭围位于龙南市南亨乡圭湖村，建于民国十七年（1928），系当地村民赖文英、赖观华、赖余辉、赖观生、赖观金等为防匪盗滋扰而发起兴建。财岭围坐东北朝西南，平面为"口"字形结构。面阔 27.5 米，进深 21.3 米，占地面积约 570 平方米。外墙为砖石三合土砌筑，高二层约6 米，四角设三层炮楼，高约 9 米，硬山式屋顶。南侧设拱门出入，北侧中间为简易祠厅，四周围房二层，设有内走马楼相通。财岭围体量小巧，建筑形制规整，是客家围屋的典型代表之一。

六十八、烟园老围

烟园老围位于龙南市龙南镇红岩村，紧邻烟园围。围屋坐东北朝西南，面阔 57 米、进深 60 米，占地面积为 3420 平方米，一门二进式祠堂一幢，房屋 89 间，整个围屋呈"国"字形建筑格局。围屋建于清道光年间，距今已有 200 多年历史，围屋居民均为唐姓。2022 年，经过更换瓦面、粉刷墙面、整理地面，修缮后的祠堂改造成了红军课堂，围内引进了书院、棋院、茶室、客家小吃等业态，围屋旁建有三间特色民宿，进一步提升了烟火气息。

六十九、永新围

永新围位于龙南市南亨乡西村村，坐西南朝东北，平面结构呈方形，面阔41米，进深34米，占地面积约1400平方米。围内中心区域设有一进式祠堂，祠堂与左右各两个房间一字排开，将围内禾坪分成前后两块区域，使围屋平面呈"日"字形结构。外墙整体以鹅卵石堆砌，内墙墙裙鹅卵石，墙体土坯砖，围内房屋通高二层，约7米。

七十、八姓围

八姓围坐落在龙南市桃江乡水西坝村石桥头北面三角塘，清代末年至民国初期由八姓氏共同建造。八姓围坐东朝西，面阔34米，进深43米，占地面积1400平方米。大门麻石半月形框门。四角设三层石砌炮楼。大门左侧有古槐树二株，繁茂葱茏。围内二层住房共有48间，内有水井，清澈甘甜。清末曾有廖、赖、王、余、陈、刘、谢、徐等八姓居此，故得名"八姓围"。

七十一、曾屋围

曾屋围位于龙南市桃江乡水西坝村，明嘉靖年间由曾省斋始建。围屋呈不规则状，坐西北朝东南，占地面积约7380平方米，东向开设围门。围内房屋五排，房屋密集，中心设三进式祠堂，祠堂门口设小面积庭院。曾省斋之孙曾汝召于明万历二十九年（1601）得中进士，至今围内仍保存有"进士""忠恕门第""五世清华"等多块牌匾，文化底蕴十分深厚。

七十二、莲塘面围

莲塘面围位于龙南市汶龙镇江夏村，平面呈"口"字形，坐东朝西，面宽 45 米，进深 47 米，占地面积约 2140 平方米。外墙砖石三合土夯筑，西南侧设有炮楼，围内四周倚外墙建有围房，西侧中间设简易祠厅。

七十三、德辉第围

德辉第围位于龙南市武当镇岗上村，清道光年间由叶姓先祖所建。德辉第坐西北朝东南，平面呈"L"形，面宽 34 米，进深 28 米，占地面积约 740 平方米。围屋外墙卵石三合土砌筑，正门门额上楷书"德辉第"三个字。围内二层土木结构民房，后部为简易祠堂，祠堂左侧并排厢房。右面开侧门，门外为泮池。

七十四、油槽下围

油槽下围位于龙南市武当镇岗上村，清康熙年间由叶迄襟所建，因围屋南侧高地建有榨油坊而得名。围屋坐东南朝西北，由左侧的半圆形围龙屋与右侧"口"字形围屋组合而成，整体顺地势而建，后侧弧形道路高坡。围屋本体面阔 57.6 米，进深 40 米，占地面积 2000 平方米。油槽下围结构围合，西侧及北侧设有 3 座围门，外墙鹅卵石三合土砌筑，围内建有二进式土木结构祠厅一座，土建民宅 40 余间，二层走马楼连通。2023 年，实施了油槽下围保护性修缮，在妥善保护的基础上，将其打造成了钱币博物馆，实现围屋活化利用。

七十五、敬安堂

敬安堂又称楼下围，位于龙南市杨村镇杨村村楼下组，清乾隆年间由官拜卫干总奉直大夫、朝议大夫的赖朝扬（字望廷）二子赖世桂（十八世）创建。敬安堂坐东北朝西南，平面近似"回"字形。进深36米，最宽处40米，占地面积约1460平方米。外围二层砖石木围合结构，二层以走马楼环通。围内左侧设二进祠厅，右侧为三列厢房。围内庭院错落，通风采光良好，居住环境优越。2023年，实施了敬安堂保护修缮，瓦面更换，木构件、墙体得到修复，围内青砖、鹅卵石铺地，围屋内外环境得到整治。在妥善保护的基础上，敬安堂被打造成龙舟主题饭店，实现了活化利用。

杨村镇下新屋围

七十六、下新屋围

下新屋围位于龙南市杨村镇乌石村乌石围东侧，建于清代中前期。围屋坐东南朝西北，二层砖石结构方形围屋，面宽33米，进深30米，占地面积 950 平方米。墙体由三合土砖石砌筑，高约 7 米。东南、西南各设一座三层炮楼，高约 10 米。内设一进式土木结构祠厅。

七十七、船形围

船形围位于龙南市武当镇大坝村北辰小组，清代由叶绍陆所建。围屋为石砌椭圆形封闭式建筑，酷似船形，故称船形围。正门坐北向南，占地面积约 600 平方米。基墙高 6 米，厚 70 公分。原围内建有土木结构二层民宅，共有 50 间，二层设走马楼相通，后面墙两旁设有炮角守备。院内中央建二进式土木结构祠厅，已修缮一新。围内建筑大部分破烂损毁，现已无人居住。

七十八、富兴第围

富兴第围位于龙南市武当镇岗上村，清道光十年（1830）由叶姓先祖所建，是一座二层石砌结构方形民居建筑。长 60 米，宽 55 米，占地面积 3300 平方米。墙高 6 米。围屋坐西朝东，与珠院围相邻，内设三进式砖石木结构祠厅，共建二层民宅有 60 多间，二层设走马楼，厅前大院有水井一口。

七十九、珠院围

珠院围位于龙南市武当镇岗上村，清嘉庆二十五年（1820）由叶姓先祖所建，是一座二层石砌外墙结构封闭式前方后圆形民居建筑，坐西向东，占地面积约 3000 平方米。围内建二进式土木结构祠厅，二层土建民宅共有 40 余间。

八十、岗下围

岗下围位于龙南市武当镇岗上村，由叶姓建于清代。岗下围坐东北朝西南，平面呈半圆形，面阔 46 米，最大进深 37.6 米，占地面积约 1600 平方米。石砌外墙高二层，围内建有土木结构三进式祠厅。东南角石砌二层炮楼，围前有半圆形风水塘。

八十一、国阳围

国阳围位于龙南市武当镇岗上村油槽下村小组，由叶姓先祖建于清代，是一座二层石砌外墙长方形民居建筑。围屋坐东南朝西北，面阔 30 米，进深 45 米，占地面积 1350 平方米。现围前半部分建筑尚存，后方大部分残毁。

八十二、竹园围

竹园围位于龙南市武当镇岗上村，清代早期由叶姓先祖所建，围龙屋式结构，前方后圆，面阔 100 米，最大进深 72 米，占地面积约 6300 平方米。围内建有两栋三进式砖木结构祠厅，设东、南、西、北四道门，西门为正门。

八十三、河口围

河口围位于龙南市武当镇大坝村河口村小组，清道光年间由叶昌和从本地岗上围迁此所建，是一座石砌二层方形建筑。围屋坐东向西，占地面积 1800 多平方米，墙高 6 米、厚 4 尺。全围共 30 多间二层土建民房，设有走马楼，正门左右设小门及两角三层炮楼，围内建有土木结构二进式祠厅。

八十四、河背围

河背围位于龙南市武当镇大坝村河背小组，始建于明代。坐西南朝东北，平面前方后圆，围龙屋式结构，面阔 112 米，最大进深 93 米，占地面积 10500 平方米。河背围规模宏大，六排十横，围内中心设有方形池塘，后侧设两进式祠堂，西南、西北两个炮楼保存至今。

八十五、坎下围

坎下围位于龙南市武当镇岗上村，由叶姓先祖建于清代，因地处山岗脚下而得名。围屋坐东南朝西北，平面呈方形，面阔 26.5 米，进深 23.2 米，占地面积 610 平方米。外墙高约 7 米，中部设两进祠堂，两侧厢房，前方左、右各设一座炮楼。

八十六、新厅围

新厅围位于龙南市武当镇岗上村新厅小组。清光绪十二年（1886）由叶姓泰清公与昌期公合建。坐西南朝东北，平面略呈方形，东南缺角。面阔 56 米，进深 62 米，占地面积约 3250 平方米。除西南外，三角各设有炮楼。围内中部设两进式祠厅，两侧厢房并列，祠堂前有宽阔的坪院，四边倚外墙建围房。

八十七、上店围

上店围位于龙南市武当镇岗上村，清代晚期由叶李胜、叶良石、叶观慈、叶文峰前后相邻所建，共有 4 座相对独立的小方形围屋组成的石砌结构建筑。各小方围之间以巷道为界，又通过若干小巷彼此相通。全围以二进式土木结构祠厅门为正门，坐北朝南。长50米，宽42米，占地面积2100平方米。其中临路方围（叶李胜所建）设二层石砌炮楼守备。

八十八、永宁围

永宁围位于龙南市武当镇大坝村罗塘村高围小组，由刘广全建于清代，系二层土砖石砌外墙结构的封闭式圆形土建筑，占地面积1600多平方米，基墙高7米，厚80公分。正门坐东向西，内建二进式土木结构祠厅，原有二层土建民宅共30多间，二层设走马楼相通。

八十九、围坝围

围坝围位于龙南市杨村镇杨村村，清康熙年间由赖德旺所建，系三层外墙高9米的"口"字形封闭式建筑。围屋坐西北向东南，东西长12米，南北长20米，占地面积240平方米。墙脚为麻条石，墙体为青砖结构。内建一门进祠厅、三层民宅，均为青砖木结构，二、三层设走马楼。

九十、石门昌围

石门昌围又称饭箩围，位于龙南市杨村镇杨村村，清康熙年间由赖上球所建。整体为二层青砖木结构封闭式民居建筑，面宽18.55米，进深14.9米，占地面积276平方米。三进式祠厅，二层结构民宅有走马楼相通。

九十一、梅树围

梅树围（守围）又称顶墩围，位于龙南市杨村镇坳下村，坐落在山腰边，由叶姓先祖建于清代，是三层砖石砌结构"口"字形围屋建筑。长 18 米，宽 18.6 米，占地面积 335 平方米。内建三层土木结构民宅，共计 12 间，有圆口水井一口。

九十二、新围

新围位于龙南市杨村镇杨村村，清康熙年间由赖期逸（字逊青）任湖北黄州府勒史目时所建，因该围屋紧邻著名客家围屋"燕翼围"后建成，故称"新围"。该围系石砖砌封闭式方形民居建筑，东西长 26 米，南北宽 20 米，占地面积 520 平方米，正门坐北朝南。内建三进式砖木结构祠厅，两侧厢房组成四合院，门厅为二层平房砖混结构 4 间，中厅三间，上栋 5 间，两侧各 6 间，结构坚固，自成一体，现仍居住 7 户人家。

九十三、衍庆围

衍庆围位于龙南市杨村镇坳下村，坐落在公路旁山墩上，建于清顺治年间，是一座三层砖石砌结构"口"字形围屋建筑，占地面积 754 平方米。正方形，朝东向。墙体厚 1.2 米，屋顶及木构件在民国时期因火灾而严重残损。

九十四、兰田围

兰田围位于龙南市杨村镇车田村。明成化年间由赖思权所建，原属二层石砌外墙呈前方圆封闭式围屋建筑，东西长 60 米，南北长 60 米，占地 3600 平方米。大门坐北向南，门楣上悬挂"兰田围"三字古匾。内设三进式青砖木结构祠厅，单层土建民宅大部分破旧。正面大门两侧建二层石砌炮楼两座，现原貌保存完整。门前有一头用乌石雕刻而成的水牛，形象生动逼真。

九十五、茂园围

茂园围位于龙南市杨村镇车田村下坪组，清顺治年间以赖德茂名誉所建，故称"茂园围"。围屋是以祠厅为中心的二层土木结构围拢式民居建筑，占地面积 2500 平方米。三进式砖木结构祠厅，坐东向西，门楣上镶有"茂园"二字。

九十六、塘尾围

塘尾围位于龙南市杨村镇车田村，清末民初由赖姓先祖所建，呈二层石砌外墙结构封闭式方形民居建筑，长、宽各 25 米，占地面积 625 平方米，大门朝西南。内建三进式砖木结构祠厅，二层土建民宅陈旧，部分损毁严重。现仍居住 1 户人家。

九十七、承启围

承啟围位于龙南市杨村镇坪上村，始建于道光末年（1850），竣工于咸丰十年（1860）。因在兴建的十年中，出了文武秀才，所以将围取名"承启围"。围屋坐西朝东，平面呈"口"字形，长 40 米，宽 30 米，占地面积 1200 平方米。围内房屋高三层，约 10 米。四角各建有炮楼，炮楼转角以麻条石封边。围中心有一口"口"字形的水井。围屋门口有一个长 8 米宽 5 米的池塘，古时遇到火灾时用于救火。整个围屋四周内外道路都是石头砌成。

九十八、牛眠上围

牛眠上围位于龙南市杨村镇坪上村牛眠小组，由赖绍冠建于明代。系三层石砌结构方形围屋，坐南向北，依山而建，面积约 700 平方米。围内设二进式砖木结构祠厅，占地面积 205 平方米，围内单层土木结构民房。门前禾坪处立有三对功名石柱，其中二对是清雍正十二年（1734）赖杨宾、赖世英所立，另一对是清乾隆三十一年（1766）国学生赖鸿勋所立。

九十九、青龙围

青龙围位于龙南市杨村陂坑崩岗下老屋，始建于清嘉庆年间，为陂坑富户赖世璜所建。围屋坐东北朝西南，呈长方形结构，长 28.1 米，宽 14.9 米，占地面积 417.2 平方米。围墙高 10.6 米，对角有炮楼，左边三个，右边两个，炮楼高三层，约 11.5 米。围屋内有二层房屋 16 间，内有生活用水井。

一百、上仁老屋围

上仁老屋围位于龙南市龙南镇金塘社区，明万历年间由凌世桢始建。围屋坐东北朝西南，面阔 112 米，进深 60 米，占地面积约 6700 平方米。石砌外墙，正面设大门 1 座，小门 2 座，四角设炮楼，围前有泮池。中央原有三进祠堂。堂前门坪宽阔，立有功名柱一对。上仁老屋围因年久失修，残破不堪，经改造后成为老屋下酒店。

一百零一、马坪围

马坪围位于龙南市杨村镇杨太村，由赖姓先祖建于清代。马坪围坐西北朝东南，平面呈方形，面阔47米，进深60米，占地面积约2800平方米。四排两横，东南侧设围门，围屋中心为三进青砖木结构祠堂，祠堂前院坪约390平方米，祠堂两侧厢房，四周建围房。

一百零二、兴贤围

兴贤围位于龙南市杨村镇员布村朱屋，清康熙年间由朱洪因所建。坐北朝南，平面呈方形，占地面积约3300平方米。砖石木外墙高两层，约5.5米。内建三进式砖木结构祠厅。围门门楣上写有"兴贤围"三字，门前禾坪竖有两对拴马石。

一百零三、茶头围

茶头围位于龙南市里仁镇新里村龙关公路南侧。围屋坐东北朝西南，平面呈方形，面阔56米，进深61米，占地面积约3420平方米。五排四横结构，中部为祠堂，祠堂前有小型坪院，坪院北侧至今仍保留有方形水井，后方枕屋及两侧横屋均为民居，四角设有炮楼。

一百零四、象塘房围

象塘房围位于龙南市里仁镇冯湾村，清康熙年间由钟姓先祖所建。坐西北朝东南，面阔52米，进深47米，占地面积约2400平方米。四排四横结构，中间为二进式祠堂，两侧横屋及后方枕屋均为民房，东南向中间设有围门，四角设二层石砌炮楼，东南侧仍有方形古井。

一百零五、铜锣湾围

铜锣湾围位于龙南市里仁镇冯湾村，清道光年间由钟姓先祖所建。坐东北朝西南，面阔 80 米，进深 66 米。占地面积 5280 平方米。五排六横布局，中间为二进式祠堂，祠堂前设禾坪及泮池。后排枕屋及两旁横屋皆为单层民居。四角设二层炮楼。

一百零六、冯兴围

冯兴围位于龙南市里仁镇冯湾村，地处龙南东高速出口北侧。明代由冯姓人建筑此围而得名，冯姓外迁后，钟满宝从福建长汀迁此，沿用"冯兴围"之名。冯兴围呈不规则形状，围门处于北侧，门口有池塘。围内房屋密布，纵横交错，巷道错综复杂，因缺乏统一规划，略显凌乱。外墙砖石木三合土砌筑，围内房屋普遍两层，以土坯砖墙为主。

一百零七、老屋下围

老屋下围位于龙南市里仁镇正桂村，明嘉靖年间由李大纶、李大缤兄弟从本地横岭迁此所建。老屋下围平面约呈半圆形，面阔 90 米，最长进深 88 米，占地面积约 9400 平方米。四角设二层石砌炮楼。围内建祠堂两幢，坐东向西，称为"鸳鸯厅"。一幢大缤所建三进式土木结构祠厅，已倒塌损毁，现仅存上厅。另一幢大纶所建四进式青砖木结构祠厅，保存较好，硬山墙，悬山顶，祠堂内木雕、石雕、彩绘十分精美。

一百零八、大坪围

大坪围位于龙南市里仁镇张古墩村，因建于山丘坡顶的宽阔的平缓区域而名"大坪"。由李姓先祖建于清代。围屋坐东北朝西南,平面约呈方形,面阔约 98 米,进深约 50 米,占地面积约 4900 平方米。外墙砖石三合土砌筑,高约 5 米,围内中心设祠堂,正门朝向西北,东南、西南至今仍保存有三层石砌炮楼。

一百零九、象塘水围

象塘水围位于龙南市渡江镇象塘村。原为刘姓所建,后于清道光年间由钟柏立买下,钟姓氏族沿用至今。象塘水围平面呈方形,坐西北朝东南,面阔 40 米,纵深 31.5 米,占地 1260 平方米。砖石三合土外墙,墙高约 7.5 米,四角设三层石砌炮楼。围内中心设简易祠厅,四周建二层土木结构民居,共有 102 间,二层设走马楼环通。庭院内有水井一口。

一百一十、黎屋围

黎屋围位于龙南市汶龙镇新圩村黎坑村小组,由黎姓先祖建于清代。黎屋围坐西朝东,平面呈方形,面阔 59 米,进深 80 米,占地面积约 4700 平方米。围内四排两横布局,中心建三进式祠堂,祠堂前庭院宽阔,面积达 820 平方米。围内四周靠墙建有围房。

一百一十一、小举口围

小举口围位于龙南市关西镇翰岗村,处京九铁路桥下方,清道光年间由李姓先祖所建。围屋坐西北朝东南,平面方形,面阔 30 米,进深 31 米,占地面积 930 平方米。外墙砖石三合土结构,四角设三层石砌炮楼,硬山顶。围内房屋高两层,多用土坯砖,二层设走马楼相通。

一百一十二、上燕围

上燕围位于龙南市关西镇关东村，清末至民国早期由当地徐姓人所建。围屋坐东南朝西北，平面为方形，面阔 56 米，进深 40 米，后方东南侧外墙略向东偏，占地面积约 2300 平方米。外墙砖石三合土砌筑，高二层，约 6 米。四角设有三层楼炮楼，高约 10 米。围内房屋高两层，土坯砖墙，中间设二进祠堂，两侧民居左右各四间，并排成列，四周建围房高三层，约 9 米。

一百一十三、岗紫围

岗紫围位于龙南市桃江乡水西坝村，清乾隆年间由刘与欧阳两姓共建。围屋坐西北朝东南，占地面积约 7250 平方米，大体为七排两横布局。原围内有欧阳姓氏祠厅和刘姓氏祠厅各一幢，后于 20 世纪 50 年代改建成礼堂，为两姓红白喜事、时节聚集所共同使用。同一座围屋两姓人同住，同一大门进出，但先辈有家规，围内两姓不通婚配。

一百一十四、陈屋围

陈屋围位于龙南市龙南镇红杨村，由陈彦英于清代从定南半天堂迁此所建。围屋坐东朝西，面阔 80 米，进深 140 米，占地面积 11200 平方米。围内房屋十一排，两侧以横屋围合。西北侧仍保留原有炮楼。内建两座石木结构三进式祠厅，分别叫"东厅"和"西厅"。

一百一十五、沙罗围

沙罗围位于龙南市南亨乡东村村，建于清代后期。围屋坐东南朝西北，原有平面形式前方后圆，是"三堂、八横、四围龙"的大型围龙屋经典构造，占地面积达 17410 平方米。中轴线前方设有椭圆形水池，中部为三进式祠厅，后方为化胎及后拢屋。20 世纪初为拓宽道路将临近祠堂的一圈围拢拆除，现仅剩"三围龙"。南侧至今仍保留独立炮楼一座。沙罗围规模宏大，结构严谨，对研究赣粤两地客家民居建筑具有较高价值。

一百一十六、温兴围

温兴围位于龙南市南亨乡东村村，清早期由温氏先祖始建。围屋坐东南朝西北，面阔 43 米，进深 52 米，占地面积约 2230 平方米，围内设二进祠堂，并居室为两列，祠堂前设坪院约 400 平方米，四周靠外墙围房形成空间围合。

一百一十七、弹子寨围

弹子寨围位于龙南市龙南镇井岗村，濂江河与桃江河交汇处岸边，弹子寨北面脚下，东、北、西三面建有丈余高的围墙，围屋占地面积约 5000 平方米。弹子寨围由唐姓先祖建于明崇祯年间，居民均系龙南第一位进士"国子监祭酒"唐国忠的后裔。围内建有国忠祠，坐北朝南，建筑为二进，厅堂雕梁画栋，正厅两旁为厢房。前厅门楣上有"进士第"牌匾，后厅横挂"弹石钟灵"牌匾，祠堂厅柱上镌刻时任龙南知县翟宝初所题赠的楹联。围屋的西北、东北、东南各有一座围门。

一百一十八、福星围

福星围位于龙南市龙南镇龙洲境内，与老城区一河之隔。围屋坐北朝南，面阔 75.6 米，进深 51.2 米，占地面积约 3870 平方米，围墙和炮楼高 3 米多，墙上布有枪眼和炮窗，围内有一幢一门三进式厅厦。围屋建于明崇祯年间，距今有约 400 年的历史。福星围人才辈出，围名正是由围屋后人、龙南第二位解元黄英镇亲笔题写。

一百一十九、福兴围

福兴围位于龙南市杨村镇坪湖村，因坐落在小山墩上，又名高围。明嘉靖年间由廖群贵所建。坐东向西，平面呈围龙屋式结构，占地面积约 3000 平方米。

一百二十、高陂围

高陂围（又称江背围）遗址位于龙南市东江镇黄沙村，清道光年间由廖氏先祖所建，属二层石砌外墙方形围合式建筑。围屋坐西南朝东北，长、宽约 40 米，占地约 1600 平方米，外墙高约 7 米，东面设围门一座，四角设三层炮楼，高约 9 米。整座围屋规模适中，结构规整，是典型的客家围屋构造形式。因长期无人居住，围屋年久失修，围内建筑皆早已损毁殆尽，仅留炮楼和外墙。因稀土矿开采，在水流下游设拦沙坝，导致围屋周边水位抬升，泥沙掩覆。高陂围遗址仅存的外壳矗立在青山绿水中央，俨然一座遗世孤岛，别有一番韵味。

附录二　龙南市客家围屋保护修缮实施细则

一、实施细则编制依据

（一）国家法律、法规与文件

1.《中华人民共和国文物保护法》（2017 年修正本）；

2.《中华人民共和国文物保护法实施条例》（2017 年 10 月第四次修订）；

3.《文物保护工程管理办法》。

（二）相关规范、规程及标准

1.《古建筑木结构维护与加固技术规范》（GB 50165—92）；

2.《古建筑修建工程质量检验评定标准南方地区》（CJJ70—96）；

3.《房屋建筑制图统一标准》（GB 50001—2001）；

4.《木结构设计标准》（GB 50005—2017）；

5.《中国文物古迹保护准则》（2015 年版）及其他相关的国家标准和技术规范；

6.《文物保护工程设计文件编制深度要求（试行）》（2013 年 5 月）；

7. 赣南地区客家古建筑的现有做法以及当地传统做法调查。

（三）其他资料

各围屋现状勘测资料。

二、围屋维修保护的基本原则

（一）不改变文物原状的原则

《中华人民共和国文物保护法》第二十一条规定："对不可移动文物进行修缮、保养、迁移，必须遵守不改变文物原状的原则。"客家围屋的原状是指最充分表现其文化价值的实物的状态，主要有以下几种状态：

1. 未经干预前的（未实施保护工程及未发掘以前）的状态。

2. 历史上多次干预（修缮、改建、重建、破坏）留存的有价值的状态。

3. 虽有部分缺失，但仍有实物遗存，足以证明已缺失的相关部分的原有状态。

4. 局部坍塌、变形、错置，但仍保留原构件原形制，足以证明原来的状态。

（二）尽可能减少干预的原则

1. 凡是近期没有重大危险的部分，除日常保养之外不应进行更多的干预。必须干预时，附加的手段只用在最必要部分，并减少到最低限度。采用的保护措施应以延续现状、缓解损伤为主要目标。

2. 客家围屋本身包含的历史信息是价值最根本、最重要的组成部分。对客家围屋任何形式的干预都不可避免地在不同程度上影响历史信息。因此，当围屋出现残损需要干预时，必须充分考虑最少干预的原则，以最低程度影响历史信息，从而更好保护围屋的价值。

围屋内各类建筑构件上的彩绘、雕刻、花纹原状保留，不作处理。残损严重时仅实施结构加固。

（三）加固处理的可逆性原则和可识别性原则

1. 一切技术措施应当不妨碍再次对原物进行保护处理，必须是可逆的，就是所用的加固件可拆卸下来，恢复到处理前的状态，不妨碍再次进行保护处理和采取更好的维修措施。

2. 任何加固措施都不得损害原物，都应保证文物建筑结构体系的完整性，保护其外形不受损坏，历史信息不受破坏。维修古建筑砖、石作部分不得用混凝土作固结措施，因为混凝土是不可逆性的材料，将给以后维修带来困难，甚至造成保护性破坏。

3. 经过处理的部分要和原物或第一次处理维修既相协调，又可识别。所有修复的部分都应有详细的记录档案和永久的年代标志。

（四）保护现有实物原状与历史信息的原则

1. 修复应当以现存的有价值的实物为主要依据，并必须保存重要事件和重要人物遗留的痕迹和历史上经过修缮、改建、重建后留存的有价值的状态，以及能够体现重要历史因素的状态。

2. 历史信息的积累是持续的过程，它不仅包括始建状态，还包括历代修缮及当时保护工程附加的信息。保护措施的决策应始终以价值评估为基础，客观认识全面的价值，首要保护价值最高的部分，并尽可能保留那些逐渐累积，有助于考证的信息。这样可以增强文物的可读性，为研究提供更多的线索。

（五）按照保护要求使用保护技术的原则

独特的传统技术属于文物原状，具有文化价值，必须保留。所有的新材料和新工艺都必须经过前期试验和研究，证明是最有效的，对文物古迹是无害的，才可以使用。

（六）四保持原则

1. 保持原来的形制；

2. 保持原来的建筑结构；

3. 保持原来的建筑材料；

4.保持原来的工艺技术。

三、项目范围

(一)维修范围

龙南市客家围屋保护修缮主要对围屋内残损严重及后改部位进行重点维修，恢复建筑原有历史风貌；修缮地面铺装、墙体、屋面、楼板、门窗、柱、梁、枋等构件，清除建筑内堆积杂物、杂草，疏通内、外排水沟消除安全隐患。

(二)维修保护的目的和任务

1.真实、全面地保存并传递其文化价值；
2.修缮自然力和人为造成的损伤，制止新的人为破坏。

四、维修方法说明

按照《中华人民共和国文物保护法》及国内外相关文物保护准则共识的原则，在现状进行勘察与分析的基础上，从历史沿革、法式特征、材料工艺等方面，结合客家围屋建筑风格与传统技术，分析残损原因，合理评估，按照文物保护原则，制定保护修缮方案。特别是倒塌部分，是维修的重点内容。

(一)平面维修

为保持客家围屋的完整性，应适当拆除部分后人搭建的违章附属建筑物，清理露出原有墙体基础，参照原建筑布局按原样修复围屋内房间，消除安全隐患，复原围屋整体。

（二）地面维修

1. 青砖地面

先全面检修地面，清除乱堆乱放的杂物和后人使用时增铺的水泥及其他现代铺地材料，原则上现存碎裂表面平且完整不影响正常使用的青砖铺地砖块尽量保留使用维持现状，残损缺失 1/2 以下或 3cm 以内的青砖只需补嵌，缺失 2/3 以上的青砖则采用同规格青砖补墁。局部凹凸不平影响使用青砖揭起，然后用三七灰土夯实底层，重铺青砖地面。青砖选材尽量接近原始青砖尺寸，同一区域青砖尺寸应保持一致。

2. 鹅卵石地面

施工前应当将地面尘土、杂物彻底清扫干净，检查地面不得有空鼓、开裂及起砂等现象，保持地面干净且具备规范要求的强度，并能满足施工结合层厚度的要求。

（1）预铺：在正式施工前用少许清水湿润地面。对鹅卵石、块石的颜色、几何尺寸、表面平整等进行严格的挑选，然后按照图纸要求预铺，对于预铺中可能出现的误差进行调整、交换，直至达到最佳效果。

（2）铺贴：应采用 1：3 干硬性砂浆经充分搅拌均匀后进行施工。先在清理好的地面上，刷一道素石灰浆，再将已搅拌好的石灰砂浆铺到地面，用灰板拍实，应注意砂浆铺设厚度须超过鹅卵石、块石高度 2/3 以上，砂浆厚度控制在 30mm。把鹅卵石、块石按照要求放在石灰砂浆上，用橡皮锤砸实，根据装饰标高，调整好砂浆厚度，从中间往四周铺贴，铺完 24 小时后进行勾缝。

3. 三合土地面

（1）预先拌制砂灰浆。用当地的黄土即黏性生土，要求干净、颗粒细腻、不含杂质。石灰的要求是必须用生石灰，其中以生石灰块为佳，不得使用市场上袋装的石灰粉。中砂，要求颗粒大小均匀、干净、无杂质。按照黄土：石灰：中砂＝2：6：3 的比例，加入适量的红糖水进行搅拌，拌制成砂灰浆。应注意所采用的黄土含沙量，若含沙量较大应对比例进行调整。红糖水用干净无污染的普通水加 5％红糖调制而成。黄土为当地产的黄性黏土，其用量可视土质、黏性和颜色深浅不同而适当调整。将拌制好的砂灰浆封堆存放时间不少于 30 天，让其充分发酵熟化成为熟土砂灰浆。

（2）将熟化后的砂灰浆加水再次进行搅拌，并掺入卵石或碎石。拌制好以后的三合土灰料要干湿适度，可以由现场观察确定，达到手握成团、松手即散、落地开花的状态为好。所用卵石直径不大于 2～4 cm，要求级配良好。

（3）按照设计所需的坡度铺设好后，即用传统的木制拍打专用工具拍打，夯打务必密实，打出面浆。局部三合土地面修补的，应将残损局部剔凿成边缘规整形状，一则易于修补施工，二则接槎紧密外观齐整，并将表面清理干净，再参照上面重铺三合土的材料和技术流程。

（三）墙体维修

墙体的维修根据墙体残损现状，墙体的维修主要有：保留后改水泥砖墙墙体，按原样进行风貌协调处理，清理青砖墙面风化酥碱和开裂部分等。

1. 土坯砖墙体

（1）若表面残损深度在 3cm 以内者，可采取石灰砂浆粉抹打底补平，然后与周边墙体一并粉刷纸筋白灰。

（2）若残损深度超过 3cm，则尽可能地采取砌块剔补的方法。

（3）若残损深度过半者，则应采取局部拆除择砌的方法，这主要是考虑到土坯砖墙不好修补的因素，新修补的材料用重新定制同规格、材质、质量的土坯砖，同时，注意接好槎口，新老之间应有咬合受力关系。土坯砖的尺寸应与原土坯砖一致，加工与砌筑均按传统做法，重点把握好选土、炼泥、加草、阴干的关系。

2. 卵石墙体

（1）清理场地、基底处理。施工前先将基坑范围内的树根、草皮、腐殖土全部挖除，调制砌筑浆料，采用石灰砂浆为坐浆料，石灰砂浆中掺入一定量的泥灰，泥灰主要由黄土加泼灰（生石灰经泼水淋湿粉碎过筛）加水焖制，白灰与黄土体积比为3∶7。

（2）模板制安、模板制作。模板采用木模，模板在现场制作，木模与墙体接触的表面应平整、光滑、面上无孔洞。木模的接缝做成平缝，并采取措施防止漏浆。

（3）卵石选材。卵石应采用石质一致，不易风化、无裂缝，抗压强度不低于30MPa的卵石，其规格应符合有关石料技术要求（最大粒径不宜超过150mm）。掺加前应清除表面的杂物、泥土，埋石在植入过程中不得破坏模板。

（4）卵石手工植入后，用橡皮锤轻敲埋入石灰砂浆中，卵石埋入率应不小于75%，掺入时不可乱投乱放，应分布均匀，净距不小于10mm。

（5）每天砌筑高度不宜大于0.5m，当天卵石墙砌毕，上表面应适当护盖湿润，养护5～7天后再继续砌筑，全部施工完毕及时覆盖养生15天。

3. 青砖墙体

（1）砖墙表面污迹的修复。用毛扫扫除表面浮尘，清除内墙后刷白灰，用清水冲刷配合塑料软毛刷进行清洗。

（2）砖墙开裂的修复。细微裂缝（0.5cm以下），采用白灰砂浆勾缝。较宽裂缝（0.5cm以上）剔除断裂青砖，补砖后白灰砂浆勾缝。所有裂缝在缝隙内先灌注白灰砂浆，勾缝同原墙面。

（3）砖墙面酥碱的修复。青砖酥碱深度小于0.5cm，保持现状。深度达0.5cm，小于2cm采取剔补的方法，先用小铲或凿子将酥碱部分剔除干净，再用原尺寸的砖块砍磨加工后按原位镶嵌，用白灰砂浆粘贴牢固。超过2cm青砖需剔除，采用同规格尺寸青砖行替换，白灰砂浆砌筑，勾缝同原墙体。

（4）砖墙重砌的修复。拆除后封门窗洞口青砖，按原墙体砌筑方式进行重砌。所需青砖最好选用当地旧青砖，青砖尺寸采用原建筑的尺寸规格，砖缝灰料中不得使用水泥。

（5）墙体扶正。先对倾斜墙体采取保护措施，待设计方根据施工现场实际情况制定合理纠偏方案后，对墙体进行纠偏。具体措施以现场制定的施工方案为准。

4．墙面粉灰

（1）补墙洞的灰缝：灰缝要求平缝对齐两端原灰缝，颜色应与原有墙体相近，看不出明显接搓痕迹为宜。

（2）灰浆配制：山砂与石灰的配合比为6∶1。

（3）粉刷层风貌协调：在纸筋灰内掺一定比例的烟墨，掺和比例根据实际所需颜色，现场调配试验确定。

（四）门、窗维修

清除霉烂部分，按原材质、原规格修复。缺失部分补配。

1．技术要求：小心卸下门窗扇后，先用中性脱漆剂软化构件表面，手工刮除旧漆面，后涂防虫防腐药剂。小的孔洞和裂缝用猪料灰修补，较大的孔洞和裂缝用同种木料修补，打磨平整。对于糟朽残损严重、已经危害或无法结构受力的原始木构件，采用局部切除或整根置换。

2．木材料选用：通过现场勘查，原始木构件材料为杉木。本工程除特殊说明外，新制更换的木构件等均与原始木构件材料相同。本次维修木材使用的顺序：木材鉴定后，优先使用原始材料。木材质量要求和含水率必须符合要求。

（五）楼板、楼梯维修

清除糟朽严重楼板，参照现存楼板样式，按原材质原规格补配楼板、楼梁。

1．清除霉烂楼板或断梁。

2．清理缺失楼梁，将遗留在墙里的梁头或堵塞了原梁洞眼的糟朽清除。

3．按原样、原尺寸、原材质修复各部位楼板、楼梁。要求所用木料最好是陈年老杉木，否则，一律选用天然林杉木，木材质量要求和含水率必须符合材质标准。埋入墙壁内的梁头，务必挤紧吃上力，否则形同虚设，起不到拉接作用。

4. 埋入砌体内的木（梁）头，应加刷防腐油二遍。

（六）梁架、柱维修

1. 合理使用木材

在修缮工程中，应合理使用木材，既要保证工程质量，又要尽量考虑和建筑物原有构件的统一；在配制木构件时要选择能够满足其承重的木材。木材在使用前应详细检查是否有腐朽、疤节、虫蛀、变色、劈裂及其他创伤断纹等疵病，若有某项严重缺陷，必须将其剔除。另外，用料时要有计划按原建筑物的构件尺寸规格适当使用，以免发生大材小用、长材短用、优材劣用等不良现象。

2. 柱子修复处理措施

柱子是大木结构的一个重要构件，主要功能是用来支撑梁架。由于年久，柱子受干湿影响往往有劈裂、糟朽现象。尤其是包在墙内的柱子，由于缺乏防潮措施，柱根更容易腐朽，丧失了承载能力。根据不同情况，应做不同处理。

（1）柱子轻微的糟朽，柱子本身表皮的局部糟朽，柱心尚还完好，不至于影响柱子的应力，采取挖补方法；如果柱子糟朽部分较大，在沿柱身周圈一半以上深度不超过柱子直径的 1/4 时，可采取包镶的方法，先将腐朽部分剔除，然后根据实际尺寸制备包镶料，包在柱心外围，刨磨平整后用铁箍箍紧。

（2）当木柱腐朽深度超过柱截面的一半，或出现柱心腐朽、糟朽高度占柱高的 1/5 至 1/3 时，需采用墩接的办法。墩接好后将接头刨磨平整，用铁箍两道箍牢，增强其整体性。柱子墩接高度，如果是四面无墙的露明柱，应不超过柱子高度的 1/5；如果是包砌在墙内的柱子，不应超过柱高的 1/3，否则将影响其稳定性。

（3）当柱身糟朽长度过大或是已断裂则需整柱更换。先将与柱子连接的其他构件加固支顶起来并略微抬高，然后将原柱拆下，将新柱替换上去。其他的如中柱、山柱等则不能更换，只能采取加辅柱的办法加固，即在柱子的周围增加抱柱料，并用铁箍箍紧形成一个整体，共同受力。

（4）劈裂的处理：对于细小轻微的裂缝（在 0.5cm 以内，包括天然小裂缝），可用环氧树脂腻子堵磨严实；裂缝宽度超过 0.5cm 以上，可用木条粘牢补严。如果裂缝不规则，可用凿铲制作成规则槽缝，以便容易嵌补。裂缝宽度在 3cm 以上深达柱心的粘补木条后，还要根据裂缝的长度加铁箍 1 至 4 道。

（七）屋面维修

1. 对屋面进行全面揭顶维修，剔除风化酥碱、碎裂的瓦件，按原规格订烧新瓦添补。若发现糟朽严重超过 1/3 的椽板则应按原样予以更换；对只是表面糟朽的椽板或腐朽小于 1/4 的，将糟朽部位剔除后，用杉木条加工成型进行修补。

2. 为使屋面瓦片搭接严密且整体外观整齐，根据现有瓦片搭接样式，建议采用"搭七露三"或"搭六露四"的搭接方式重铺，瓦垄应均匀平直，不足部分按原规格订烧新瓦。旧瓦与增补的新瓦，要分别集中使用，新瓦集中用于房屋背面屋坡上。若发现糟朽严重的椽板则应按原样予以更换或剔补局部糟朽的瓦梁，更换糟朽的椽板等。

3. 做法技术要求

（1）揭瓦、盖瓦、揭顶、卸瓦时，注意不要损坏瓦件，挑选可用的瓦件，清理后分类堆放。可用瓦件的挑选标准：瓦的缺角不超过瓦宽的 1/6（以盖瓦后不露缺角为准），后尾残长在瓦长的 9/10 以上的，列为可用瓦件。更换瓦件时优先选用同种规格的旧瓦，如无旧瓦可用，则按原规格、原质地、原色泽订烧。重新盖瓦时，可将新瓦及旧瓦分开集中盖。瓦面应平整顺直，瓦线一致，搭头搭接应紧密。

（2）灰浆配制。中砂与石灰的配合比为 2∶1，并掺一定比例的 108

胶水。

（3）瓦梁剔补。糟朽檩条视其糟朽程度区分维修，对只是表面糟朽的瓦梁，腐朽深度小于 1/4 直径的，将糟朽部位剔除后，用杉木条加工成型进行修补，并用铁钉和两道铁箍加固。腐朽深度大于 1/4 直径的，对于只是端头糟朽的（糟朽长度小于 1/3），则将糟朽部位锯除后，用同规格杉木进行接补。对于糟朽长度大于 1/3 的，则按原直径更换。

（八）油漆处理

1. 旧木构件表面的石灰、烟渍、灰尘可使用砂纸及硬毛刷清除，局部较顽固的污渍可采用刮刀剥离，但需注意力度及范围，以不损伤构件为宜。清理过程中对构件表面的整体清洁度及美观度无须过度追求，应适可而止。

2. 经过清理后的旧构件及做旧后的新构件，其表面应采用腻子灰填缝，然后用细砂纸仔细打磨，以保证构件表面达到一定的平整光滑度。

3. 处理完成后的木构件表面罩光油 2 至 3 道，操作时应先蹬后顺，把油调理均匀，用油需适量，既要饱满吃透，但又不流不坠。成品表面应洁净光亮，无痱子、栓迹、超亮等现象。

4. 施工时应先在废弃木构件上进行试验，对材料性能及成品效果进行一段时间的观察，同时总结完善具体的操作流程，切实可行后才可全面运用于各建筑的木构件表面处理。刷漆要求三遍成活，下道油饰必须在前道油漆收干后进行。

5. 油料选用

选购成品颜料光油（栗壳色）或购买生桐油和褐色的矿物质颜料自行熬制。用桐油灰施靠骨灰，不得盖住木构表面，要露出木纹，只需填补构件表面细小裂纹和孔洞。

（九）周边环境及排水整治

1. 疏通天井排水暗沟，清理排水沟废土和杂物，保持建筑周边清洁，按原样修复四周散水及排水明沟，注意排水坡度确保建筑日常排水通畅。

2. 清理禾坪及建筑四周杂草、杂物，修复残损缺失块卵石部分，适当地、有机地进行绿化种植，疏理排水通道，整治建筑出入路径。

（十）强弱线路维修

针对现有情况，需全面清除原不规范强弱管线布置，如需架设电视、电话线路必须用专业穿管进行铺设，使用卡管钉卡固。

（十一）木构件做旧、防虫防腐

1. 木构件风貌协调

凡重新补配的新木构件均需做风貌协调，具体方法如下：

（1）首先要配置3种不同浓度的色汁，配料红茶一两、黄芷一两、研磨墨汁适量、饮用水3.5公斤。将这四种材料煮熟待原有的色汁冷却后将其分为三等份，第一种保持不变确定为浓度较深的色汁，第二种掺入适量的饮用水将其浓度稀释为中等浓度的色样，第三种掺入适量的饮用水，使其浓度稀释为较浅颜色。

（2）然后根据木材的吃色能力确定涂刷不同浓度的色汁，其色泽要与原有的旧木材保持相应的统一，不得深于原有的旧木料的色样。

2. 木构件防虫防腐

（1）所有新旧木构件均用木材防腐剂喷涂三遍作防虫防腐处理，榫卯部位用注射灌注法注入，隐蔽部位在掩蔽覆盖前必须作防虫防腐处理。

（2）木材防腐剂中所含的铜和季铵盐能有效地杀灭和抑制真菌、蛀虫和白蚁等，能与木材纤维牢固地结合在一起，不易流失，故能对木材起到长期保护的作用，经木材防腐剂处理的木材使用寿命长。

（十二）白蚁防治

1. 由于避光习性，白蚁一般在木材内部取食，开始蛀蚀木材内部靠近表层部位，但不会蛀穿表层暴露出来，而是向芯部发展，直到蛀蚀整个木材，表层却仍然比较完整，这种避光习性使得白蚁危害很难为人所察觉，给白蚁检查和监测带来了很大的困难。因此，白蚁危害的检查要求围屋管理人员提高警惕、注意观察，及时发现白蚁活动的蛛丝马迹，利用围屋修缮契机排查古建筑的白蚁情况。

2. 对于已经存在的白蚁危害，可使用白蚁消杀系统进行灭治。灭杀装置应尽量靠近白蚁活动部位，以保证最佳的诱集效果。

附录三　龙南市客家围屋活化利用一览表

序号	围屋名称	保护级别	地址	项目名称	开发业态	开发主体
1	关西新围	全国重点文物保护单位	关西镇关西村	关西围景区	旅游景区	旅发集团
2	西昌围	江西省文物保护单位	关西镇关西村	客家民俗馆客属恳亲馆	文化展示	旅发集团
3	鹏皋围	赣州市文物保护单位	关西镇关西村	关西围景区	旅游景区	旅发集团
4	大书房	一般文物点	关西镇关西村	客家建筑馆	文化展示	旅发集团
5	关西田心围	一般文物点	关西镇关西村	读旅民宿	民宿	旅发集团
6	圳下围	一般文物点	关西镇关西村	读旅民宿	民宿	旅发集团
7	梅花书院	一般文物点	关西镇关西村	梅花书院场景复原展	文化展示	旅发集团
8	佛仔围	一般文物点	关西镇翰岗村	龙慧栖康养村宿	民宿	社会资本
9	福和围	赣州市文物保护单位	关西镇关西村	科普展示馆	文化展示	政府主导
10	坳背围	一般文物点	关西镇翰岗村	凤鸣居	民宿	社会资本

续表

序号	围屋名称	保护级别	地址	项目名称	开发业态	开发主体
11	下九围	一般文物点	关西镇关东村	关西镇新时代文明实践站	活动	政府主导
12	塝角围	一般文物点	关西镇关西村	逍遥楼	餐饮	社会资本
13	栗园围	龙南市文物保护单位	里仁镇新园村	栗园围景区	景区＋实景演艺	旅发集团
14	渔仔潭围	江西省文物保护单位	里仁镇新里村	双子围民宿小镇	景区	赣州旅投
15	隘背围	一般文物点	里仁镇新里村	隘背围民宿	民宿	社会资本
16	象塘房围	一般文物点	里仁镇冯湾村	橘瑞堂国医馆	传统医药	社会资本
17	大纶祖祠	江西省文物保护单位	里仁镇正桂村	正桂美丽乡村	乡村旅游	社会资本
18	新屋场围	一般文物点	里仁镇正桂村	正桂美丽乡村	乡村旅游	社会资本
19	武当田心围	龙南市文物保护单位	武当镇大坝村	客家第一村钱币博物馆	旅游景区＋文化展示	旅发集团
20	新屋围	一般文物点	武当镇大坝村	客家第一村	旅游景区	旅发集团
21	下井围	一般文物点	武当镇大坝村	客家第一村	旅游景区	旅发集团

序号	围屋名称	保护级别	地址	项目名称	开发业态	开发主体
22	河背围	一般文物点	武当镇大坝村	客家第一村	旅游景区	旅发集团
23	新厅围	一般文物点	武当镇大坝村	客家第一村	旅游景区	旅发集团
24	油槽下围	一般文物点	武当镇岗上村	苏区钱币博物馆	文化展示	旅发集团
25	坎下围	一般文物点	武当镇岗上村	客家第一村	旅游景区	旅发集团
26	国阳围	一般文物点	武当镇岗上村	客家第一村	旅游景区	旅发集团
27	下新屋围	一般文物点	武当镇大坝村	客家第一村	旅游景区	旅发集团
28	老屋围	一般文物点	武当镇大坝村	客家第一村	旅游景区	旅发集团
29	上马石围	龙南市文物保护单位	武当镇岗上村	大坝游击中队旧址陈展	红色文化	政府主导
30	上仁老屋围	一般文物点	龙南镇金塘社区	老屋下酒店	酒店	社会资本
31	烟园围	赣州市文物保护单位	龙南镇红杨村	烟园围红四军军部旧址陈列布展	红色文化	社会资本
32	烟园老围	一般文物点	龙南镇红杨村	地方文化展示＋工作室	文化展示	社会资本
33	和光围	龙南市文物保护单位	龙南镇金塘社区	和光围酒店	餐饮	社会资本

续表

序号	围屋名称	保护级别	地址	项目名称	开发业态	开发主体
34	湾仔围	赣州市文物保护单位	龙南镇黄沙村	围屋大讲堂	群文活动	政府主导
35	月屋围	龙南市文物保护单位	龙南镇红岩村	金盆山战斗历史陈列	红色文化	政府主导
36	柏盛堂	一般文物点	城市社区文化社区	城市微展	文化展示	政府主导
37	燕翼围	全国重点文物保护单位	杨村镇杨村村	太平古镇景区	旅游景区	社会资本
38	细围	一般文物点	杨村镇杨村村	太平古镇景区	餐饮＋民宿	社会资本
39	徐屋围	一般文物点	杨村镇杨村村	太平古镇景区	民宿	社会资本
40	益寿堂	一般文物点	杨村镇杨村村	太平古镇景区	红色文化	社会资本
41	敬安堂	一般文物点	杨村镇杨村村	太平古镇景区、龙舟宴	餐饮＋民宿	社会资本
42	新屋围	一般文物点	杨村镇杨村村	太平古镇景区	旅游景区	社会资本
43	乌石围	全国重点文物保护单位	杨村镇乌石村	乌石围景区—村史馆	文化展示	社会资本
44	下屋围	一般文物点	杨村镇乌石村	乌石围景区	文化展示	社会资本
45	上下围	一般文物点	程龙镇杨梅村	上下渔村	旅游景区	社会资本
46	金盆围	一般文物点	九连山墩头村	九连山红色文化陈列	红色文化	政府主导

续表

序号	围屋名称	保护级别	地址	项目名称	开发业态	开发主体
47	品裕围	一般文物点	临塘乡塘口村	茶艺美术陈列	文化展示	政府主导
48	湾仔围	赣州市文物保护单位	东江乡黄沙村	围屋大讲堂	群文活动	政府主导
49	岭头围	一般文物点	汶龙镇江夏村	岭头餐馆	餐饮	社会资本

注：活化利用情况统计截至 2024 年 1 月。

附录四　龙南县籍进士、举人、荐辟贡生
监生吏员武途仕籍①

县籍进士仕籍

朝代	姓　名	堡　籍	科第进士时间	曾任职务	中举时间
宋	唐国忠	新兴堡	熙宁间	国子监祭酒	
	钟　伷	象塘堡	元丰五年	龙图阁学士	
	缪　瑜	大龙堡	淳熙十四年	进贤县知县	
明	钟　芳	象塘堡	正德三年	户部侍郎	弘治十四年
	钟允谦	象塘堡	嘉靖八年	刑部员外郎	嘉靖七年
	曾汝召	新兴堡	万历二十九年	太常寺少卿	万历二十五年
清	王之骥	坊内堡	康熙五十二年	内阁中书	康熙三十八年
	陈余芳		康熙四十八年	邱县知县	康熙四十四年
	曾振宗		康熙五十二年	安州知州	康熙五十年
	钟　秀	里仁堡	乾隆四年	瑞州府教授	雍正七年
	廖运芳	坊内堡	乾隆七年	嘉定知县	雍正十年
	赖宗扬		乾隆四年武进士	广东守备	雍正十年武举

---

① 　龙南县地方志办公室. 龙南人物志［M］. 南昌：江西人民出版社，2013.

续表

朝代	姓　名	堡　籍	科第进士时间	曾任职务	中举时间
清	谭　垣 （又名谭庄）	新兴堡	乾隆十三年	延平府上洋口通判	乾隆十二年
	雷闻凤		乾隆二十六年 武进士	广州府都司	乾隆十五年武举
	欧阳立德		乾隆二十五年	顺天府香河县知县	乾隆二十一年
	徐名绂		嘉庆四年	同州府知府	乾隆五十四年
	王元梁		嘉庆七年	广东三水县知县	嘉庆三年
	钟振超	里仁堡	嘉庆十四年	东兰州知州	嘉庆九年
	徐思庄	里仁堡	道光二年	山东按察使	嘉庆二十三年
	石位均		道光九年武进士	山西平阳府守备	道光八年
	刘印星	坊内堡	道光十八年	翰林院庶吉士	道光十七年
	徐德周		道光二十五年	翰林院庶吉士 湖广司主事	道光二十四年
	许受衡	上蒙堡	光绪二十一年	大理院少卿	光绪十九年解元

县籍举人仕籍

朝代	姓　名	堡　籍	中举时间	曾任职务
明	钟允直	象塘堡	嘉靖七年	
	钟应间	象塘堡	万历四十五年	湖广荆州府推官
清	徐士孜	里仁堡	顺治十四年	拣选知县
	萧之淳		康熙十七年	拣选知县
	廖延碧		康熙二十三年武举人	
	钟其澄		康熙二十九年	拣选知县
	钟宏扬		康熙三十五年	弋阳县教谕
	李家珍		康熙五十二年	进贤县教谕
	许奉璋		康熙五十三年	
	黄光旦		雍正二年	奉贤县知县
	赖德蚓		雍正二年	拣选知县
	曾捷宗		雍正四年	遵化州州同
	陈奕廷		雍正四年	山东官台场盐大使
	赖朝扬		雍正四年武举人	
	钟文焕		雍正十年	拣选知县
	赖　湘		雍正十三年武举人	
	曾光俨		乾隆元年	新昌县教谕
	欧阳龙		乾隆元年	湖广麻阳县知县
	赖　树		乾隆元年武举人	拣选卫千总
	赖惟扬		乾隆元年武举人	广东博罗县把总
	月宏苍		乾隆元年	临川县教谕
	曾光仪		乾隆元年	德化县知县
	赖扬直		乾隆十二年武举人	台拱营参将

续表

朝代	姓名	堡籍	中举时间	曾任职务
清	徐名佐		乾隆十二年武举人	
	雷闻龙		乾隆十五年武举人	山东济宁卫千总
	赖隽扬		乾隆十七年武举人	
	王文明		乾隆十八年	万载县教谕
	赖世宦		乾隆二十五年武举人	南漕水建所随帮千总
	王修爵		乾隆二十五年	安福县教谕
	刘廷赞		乾隆二十七年	浙江新城县知县
	徐洪宪		乾隆二十七年	广宗县知县
	徐洪懿		乾隆三十三年	靖边县知县
	钟飞凤		乾隆三十三年武举人	江南淮安帮随帮千总
	王九联		乾隆三十六年	虔城县知县
	赖世权		乾隆三十六年武举人	
	徐思让		乾隆四十五年	
	曾邦晖		乾隆五十一年	萍乡县教谕
	刘怀谷		乾隆五十四年	潮阳县知县
	赖汝翼		乾隆五十四年	国史馆校对
	廖绍洙		乾隆五十七年	石城县教谕
	徐德瑞		嘉庆五年	新城县教谕
	石方瑜		嘉庆五年武举人	
	许荣绍		嘉庆六年	
	王青注		嘉庆十二年	
	曾名芹		嘉庆十二年	署文昌县事
	徐思霖		嘉庆十二年	
	张大化		嘉庆十二年	大庚县训导
	徐思谦		嘉庆二十一年	建昌府教授
	徐思荃		嘉庆二十一年	刑部福建司主事
	陈上晖		道光三年武举人	本邑观音阁千总

续表

朝代	姓　名	堡　籍	中举时间	曾任职务
清	刘式祖		道光八年	
	徐思荣		道光八年	
	徐思蕛		道光八年	
	刘从祖		道光十一年	武威知县
	田世临		道光十七年	
	徐思荀		道光二十年	
	徐　增		道光二十年	候选知县
	陈上镇		道光十年武举人	
	刘联星		道光二十三年	广东候补知府
	刘仰祖		道光二十四年	梁山县知县
	陈焱煌		道光二十四年武举人	候补千总
	钟声远	里仁堡	道光二十九年解元	乐安县教谕
	廖瑞炎	坊内堡	同治十三年	
	黄英镇	坊内堡	光绪八年解元	赠五品衔
	黄演澧		光绪十五年	
	廖光玟		光绪二十年	
	廖光墀		光绪二十七年	

注：凡中举后又科第进士者此表不入。

县籍荐辟贡生监生吏员武途仕籍

朝代	姓 名	堡 籍	出 身	曾任职务
明	赵志刚	坊内堡	洪武初由文学征	监察御史
	凌 吉	坊内堡	洪武初由文学征	刑部司门郎中
	张天储		思贡	龙岩县知县
	廖乾万		贡生	署陵水县篆
	黄国柱		贡生	浙江嘉兴府教授
	赖魁耀		贡生	竹山县知县
	廖汝中		贡生	广西桂林府教授
	曾世良		贡生	保昌县知县（未任）
	郭愈华		贡生	汀州府教授
	王 赍		岁贡	默阳、元城知县
	曾 敬		贡生	光化县知县
	王宗玺		贡生	灵山县知县
	曾 舟		贡生	辰州府教授
	赖元卿		吏员	知清平县事
	周应聘		贡生	广州府教授
	徐养正		选贡	郴州、叙州通判
	曾维勤		贡生	义宁县知县
	陈其猷		选贡	桐梓县知县
	郭嘉义		贡生	署郁林州知州
	廖尚修		贡生	署沙县知县事
	廖尚楷		贡生	署铅山县县篆
	肖 杲		贡生	寿州教授

朝代	姓　名	堡　籍	出　身	曾任职务
明	叶天佑		贡生	南川县知县
	赖继亨		贡生	淮阳县知县
	徐绍裘		贡生	福建清流县知县
	阮勋		监生	六安州州同
	李有教		监生	常德府同知
	谭一元		监生	王府审理
	廖尚谚		吏员	知南宁县事
	月悠远		吏员	署崇安县篆
	李汝述		吏员	署浚县县篆
	许明佐	上蒙堡	岁贡	淮南兵备
	刘仕远	坊内堡	岁贡	临安县知县
	钟崇礼	象塘堡	由人才任	浔州通判
	蒙逊	坊内堡	岁贡	浙江嘉兴县知县
	赖琼	上蒙堡	岁贡	获嘉县知县
	凌奎		贡生	知县（县名缺）
	徐文		贡生	通道县知县
	王挺	坊内堡	岁贡	崇善县知县
	何俊		贡生	四川忠州通判
	陈瑶		贡生	略阳县知县
	王正中		贡生	福州府通判
	凌璧		岁贡	署香山县事
	月乾玉		选贡	六安州州同
	廖尚义		贡生	建昌府教授
	廖镔		贡生	署泾阳县县印
	赖仕龙		岁贡	署恒山县事
	陈大奇		贡生	湖广武陵县知县

朝代	姓 名	堡 籍	出 身	曾任职务
清	陈大美		贡生	署兴安县篆
	曾敬传		例贡	署云阳县事
	赖遇扬		例贡	署通江县事
	刘荣祖		贡生	署黄平州知州
	徐思谷		贡生	广东布政使司经历
	徐思程		贡生	经县知县
	徐思荐		贡生	建德县知县
	徐德良		贡生	高陵县知县
	王廷楷		贡生	饶州府教授
	谭抡		拔贡	福鼎县知县
	徐思翕		监生	永春州同知
	徐德度		监生	曲江县知县
	徐德冀		监生	安徽宣城县知县
	许观文		监生	单县知县
	徐成信		监生	荆门州州同
	谢宣琇		监生	署舞阳县事
	徐成渤		监生	浙江布政司理问
	徐洪春		监生	署龙里县知县
	徐名培		监生	南雄府通判
	徐名绅		监生	四川南川县知县
	徐 荟		监生	四川潼洲府通判
	许朝佐		武途	宁都把总
	黄 兴		行伍	游击、湖广抚标中军
	胡 标		由军功任	南安营参将
	廖元凤		由押运授	卫千总
	魏 奇		武途	广东顺德左营千总
	王 茂		由军功任	江西抚标千总

朝代	姓　名	堡　籍	出　身	曾任职务
清	黄若玉		由押运任	卫千总
	徐天雄		武途	游击
	宋　玉		武途	广西全州守备
	曾　召		武途	赣州镇标把总
	赖惕扬		行伍	广东和平营把总
	田丛修		武生	江南试用卫千总
	徐之瑛		武途	定南横岗营把总
	唐名显		由军功任	吉安龙泉营把总
	廖为顺		由军功任	宁都营外委把总
	张文斌		武生	会昌县把总
	廖光澜		由军功任	宁都营端防芦把总
	赖永福		由军功任	莲花厅都司、南昌府协镇
	沈步云		行伍	信丰县外委把总

注：表中收集正七品以上的县籍官员。

后　记

　　龙南，是久负盛名的世界围屋之都、中国围屋之乡，赣南客家围屋中70％在龙南，龙南不仅围屋数量多，围屋的聚集性和品质也属上乘，保护利用好赣南客家围屋，龙南应当作表率。

　　作为客家民居的典型代表，赣南客家围屋不仅蕴含着客家文化的深厚精髓，也见证了客家人的历史变迁。不论是从文化价值，抑或是从建筑价值，抑或是从旅游价值上看，客家围屋都值得保护、利用和发展。

　　作为客家文化研究、保护、推广的工作者，我们通过翻阅书籍、查找资料、田野调查，梳理了关于龙南客家围屋的一些情况，用笔触做了些记录，也有些自我的感想，试图从人文历史、社会背景、古建筑知识和实践探索中去探寻龙南客家围屋，把我们近年来的拙作汇编成书，希望能为龙南客家文化发扬光大、为龙南客家围屋保护传承、为"文物和文化遗产活起来"出一份绵薄之力。在收集整理书稿过程中，得到中共龙南市委宣传部、龙南市文广旅局、龙南市文联、龙南市社联、龙南市客家文化研究中心、龙南市博物馆、龙南市文化馆、龙南市图书馆的大力支持，特别是得到了廖东根、李俊锋、徐百胜、梁晓津、徐欣、程房芸、戴文、唐仁、廖洋、廖嘉璐等同志的指导和帮助，感谢领导尊长，感谢家人朋友，感谢积极配合和无私帮助的每一位同仁，值《围城围事——关于龙南客家围屋》付梓之际，谨向所有关心龙南客家围屋的各界人士，致以诚挚的谢意。

鉴于我们经验不足，水平有限，本书还存在许多不足，希望大家给我们提出宝贵意见，使之日臻完善。

潘　平　廖怡文

2024 年 4 月

参考文献

［1］刘全义. 中国古建筑瓦石构造［M］. 北京：中国建材工业出版社，2017.

［2］边精一. 中国古建筑油漆彩画［M］. 北京：中国建材工业出版社，2017.

［3］茂木计一郎，稻次敏郎，片山和俊. 中国民居研究——中国东南地方居住空间探讨［M］. 台北：南天书局，1996.

［4］唐立宗. 在"政区"与"盗取"之间——明代闽粤赣湘交界的秩序变动与地方行政演化［M］. 台北：台湾大学出版中心，2002.

［5］黄志繁. "贼""民"之间——12—18世纪赣南地域社会［M］. 北京：生活·读书·新知三联书店，2006.

［6］黄志繁，肖文评，周伟华. 明清赣闽粤边界毗邻区生态、族群与"客家文化"［M］. 北京：中国社会科学出版社，2015.

［7］黄国信. 区与界：清代湘粤赣界邻地区食盐专卖研究［M］. 北京：生活·读书·新知三联书店，2006.

［8］邓亦兵. 清代前期商品流通研究［M］. 天津：天津古籍出版社，2009.

［9］张应强. 木材之流动——清代清水江下游地区的市场、权力与社会［M］. 北京：生活·读书·新知三联书店，2006.

［10］廖声丰. 清前期长江榷关与商品流通格局变迁（1644—1840）［M］. 北京：人民出版社，2022.

［11］谢重光. 客家民系与客家文化研究［M］. 广州：广东省人民

出版社，2018.

　　[12] 王东. 那山那水那方人·客家源流新说［M］. 广州：广东省人民出版社，2018.

　　[13] 徐百胜. 客家龙南姓氏源流［M］. 北京：光明日报出版社，2009.

　　[14] 邱进春. 明代江西进士考证［M］. 北京：中国社会科学出版社，2015.

　　[15] 毛晓阳. 清代江西进士丛考［M］. 南昌：江西高校出版社，2014.

　　[16] 万幼楠. 赣南历史建筑研究［M］. 北京：中国建筑工业出版社，2018.

　　[17] 万幼楠. 赣南围屋研究［M］. 哈尔滨：黑龙江人民出版社，2006.

　　[18] 徐百胜. 龙南客家围屋志［M］. 合肥：时代出版传媒股份有限公司，2018.

　　[19] 廖晋雄. 始兴古堡［M］. 广州：华南理工大学出版社，2011.

　　[20] 黄崇岳，杨耀林. 客家围屋［M］. 广州：华南理工大学出版社，2006.

　　[21] 肖标发，钟莉清. 赣南围屋传统营造技艺［M］. 合肥：安徽科学技术出版社，2021.

　　[22] 王其钧. 中国建筑图解词典［M］. 北京：机械工业出版社，2021.

　　[23] 王连海. 中华传统吉祥图案知识全集［M］. 北京：气象出版社，2015.

　　[24] 刘淑婷. 中国传统建筑屋顶文化解读［M］. 北京：机械工业出版社，2021.

　　[25] 潘嘉来. 中国传统窗棂［M］. 北京：人民美术出版社，2005.

　　[26] 路玉章. 古建筑木门窗棂艺术与制作［M］. 北京：中国建筑

工业出版社，2008.

　　［27］文化部文物保护科研所. 中国古建筑修缮技术［M］. 北京：中国建筑工业出版社，1983.

　　［28］江西内河航运史编审委员会. 江西内河航运史［M］. 北京：人民交通出版社，1991.

　　［29］龙南县志编修工作委员会. 龙南县志［M］. 北京：中共中央党校出版社，1994.

　　［30］龙南县地方志编纂委员会. 龙南县志（1986—2009）［M］. 北京：方志出版社，2011.

　　［31］龙南县地方志办公室. 龙南人物志［M］. 南昌：江西人民出版社，2013.